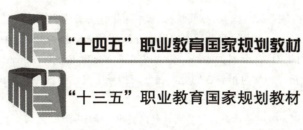

"十四五"职业教育国家规划教材

"十三五"职业教育国家规划教材

职业教育计算机类专业系列教材

办公软件实训教程

第 3 版

主　编　孙晓春　陈　颖
副主编　郝振洁　赵　爽　纪鑫水
参　编　左旭楠　李　媛　周　岩
　　　　葛　特　龙九清

机械工业出版社

本书为"十四五"职业教育国家规划教材。本书采用任务教学和案例教学相结合的编写方式，以简明、通俗的语言和生动真实的项目及案例详细介绍了 Microsoft Office 2016 系列办公软件在日常办公自动化工作中的应用。全书共 4 篇，分别讲述了 Word、Excel、PowerPoint 和 Outlook。在每个案例中包括教学指导和学习指导 2 部分。在学习指导中又包括任务、知识点、操作步骤、我来试一试及我来归纳。

本书采用双色印刷，美观易读、简明易懂、重点突出、操作简练、内容丰富实用，可操作性强。可以作为各类职业院校计算机及相关专业的教材，也可以作为计算机应用培训机构的教材或办公自动化软件操作人员的实用技术手册。

本书配套微课视频（扫描书中二维码免费观看），通过信息化教学手段，将纸质教材与课程资源有机结合，为资源丰富的"互联网+"智慧教材。

本书配有授课用电子课件及案例素材，读者可登录机械工业出版社教育服务网（www.cmpedu.com）以教师身份免费注册下载或联系编辑（010-88379194）咨询。

图书在版编目（CIP）数据

办公软件实训教程/孙晓春，陈颖主编. —3版. —北京：机械工业出版社，2019.5（2024.6重印）
职业教育计算机类专业系列教材
ISBN 978-7-111-62445-5

Ⅰ．①办⋯　Ⅱ．①孙⋯　②陈⋯　Ⅲ．①办公自动化—应用软件—职业教育—教材
Ⅳ．①TP317.1

中国版本图书馆CIP数据核字（2019）第065193号

机械工业出版社（北京市百万庄大街22号　邮政编码100037）
策划编辑：梁　伟　　责任编辑：李绍坤
责任校对：张　力　　封面设计：马精明
责任印制：单爱军
保定市中画美凯印刷有限公司印刷
2024 年 6 月第 3 版第 15 次印刷
184mm×260mm・15.25 印张・330 千字
标准书号：ISBN 978-7-111-62445-5
定价：49.00元

电话服务　　　　　　　网络服务
客服电话：010-88361066　　机　工　官　网：www.cmpbook.com
　　　　　010-88379833　　机　工　官　博：weibo.com/cmp1952
　　　　　010-68326294　　金　书　网：www.golden-book.com
封底无防伪标均为盗版　机工教育服务网：www.cmpedu.com

关于"十四五"职业教育
国家规划教材的出版说明

为贯彻落实《中共中央关于认真学习宣传贯彻党的二十大精神的决定》《习近平新时代中国特色社会主义思想进课程教材指南》《职业院校教材管理办法》等文件精神,机械工业出版社与教材编写团队一道,认真执行思政内容进教材、进课堂、进头脑要求,尊重教育规律,遵循学科特点,对教材内容进行了更新,着力落实以下要求:

1. 提升教材铸魂育人功能,培育、践行社会主义核心价值观,教育引导学生树立共产主义远大理想和中国特色社会主义共同理想,坚定"四个自信",厚植爱国主义情怀,把爱国情、强国志、报国行自觉融入建设社会主义现代化强国、实现中华民族伟大复兴的奋斗之中。同时,弘扬中华优秀传统文化,深入开展宪法法治教育。

2. 注重科学思维方法训练和科学伦理教育,培养学生探索未知、追求真理、勇攀科学高峰的责任感和使命感;强化学生工程伦理教育,培养学生精益求精的大国工匠精神,激发学生科技报国的家国情怀和使命担当。加快构建中国特色哲学社会科学学科体系、学术体系、话语体系。帮助学生了解相关专业和行业领域的国家战略、法律法规和相关政策,引导学生深入社会实践、关注现实问题,培育学生经世济民、诚信服务、德法兼修的职业素养。

3. 教育引导学生深刻理解并自觉实践各行业的职业精神、职业规范,增强职业责任感,培养遵纪守法、爱岗敬业、无私奉献、诚实守信、公道办事、开拓创新的职业品格和行为习惯。

在此基础上,及时更新教材知识内容,体现产业发展的新技术、新工艺、新规范、新标准。加强教材数字化建设,丰富配套资源,形成可听、可视、可练、可互动的融媒体教材。

教材建设需要各方的共同努力,也欢迎相关教材使用院校的师生及时反馈意见和建议,我们将认真组织力量进行研究,在后续重印及再版时吸纳改进,不断推动高质量教材出版。

机械工业出版社

第 3 版前言

本书第 1 版和第 2 版出版后,在职业学校教学、职业培训等领域被广泛选用,也得到了广大办公自动化自学者的好评。为贯彻党的二十大报告提出的"实施科教兴国战略,强化现代化建设人才支撑"的要求,编者在第 2 版的基础上进行了修订,软件版本由 Microsoft Office 2010 升级到 Microsoft Office 2016,保留了原书的特色、编排模式和基础案例,同时注重素质教育,特别新增了优秀传统文化案例和贴近学生实际生活的案例。

本书中的所有案例是以一个学生——豆子的视角进行展开,对这些项目和案例的设计力求突出其代表性、典型性和实用性,案例设计灵活多样。这些案例既能贯穿相应的知识体系,又能与实际工作紧密联系,使学生不仅能够学习知识技能,而且将技能应用到实际工作中,让技能为办公自动化工作的实际需要服务。

为了充分发挥任务驱动和案例教学在组织教学方面的优势,提倡"实用、适用、先进"的编写原则和"通俗、精练、可操作"的编写风格,本书采用了新的编写思路,即分为教学指导、学习指导两部分。在学习指导中又由任务、知识点、操作步骤、我来试一试及我来归纳组成。通过任务(联系实际应用、展示案例效果、提出任务)、操作步骤(上机实践、完成任务)、我来归纳(回顾知识要点和关键技能)、我来试一试(与案例相关的重要知识)进行举一反三。在"任务"部分从实际工作出发提出任务案例,展示案例效果,激发学生的学习兴趣和求知欲。然后通过"任务"展开任务分析,由读者以分组讨论的方式分析任务的要求和特点,找到完成任务的方法;"操作步骤"环节则给出了完成任务的正确而简便的操作方法,指导读者在上机实训中熟练掌握操作要领;在完成任务后,"我来归纳"回顾案例中的知识要点和关键技能;最后,"我来试一试"根据所学内容给出一定数量的实践题(类似的设计任务)。上机实践题突出重点、难度适中,并在必要之处对完成任务的思路给出提示,使读者能较好地掌握知识要点并能用于完成类似的任务。

本书共 4 篇,包括第 1 篇文字处理(Word 2016)、第 2 篇电子表格(Excel 2016)、第 3 篇演示文稿(PowerPoint 2016)和第 4 篇电子邮件发送及管理(Outlook 2016)。本书非常适合教师及学生使用,整个案例设计像教案而非教案,并配有相关练习。

本书由孙晓春和陈颖担任主编,郝振洁、赵爽和纪鑫水担任副主编,参与编写的还有左旭楠、李媛、周岩、葛特和龙九清。

由于编者水平有限,书中难免出现疏漏和错误之处,希望专家和读者朋友及时指正。

编　者

二维码索引

序号	任务名称	图形	页码	序号	任务名称	图形	页码
1	Word 案例 1-1 新建		4	9	Word 案例 3-2 段落间距		16
2	Word 案例 1-2 打开		4	10	Word 案例 3-3 段落缩进		16
3	Word 案例 1-3 保存与另存为		4	11	Word 案例 3-4 对齐方式		17
4	Word 案例 2-1 选择文本		9	12	Word 案例 3-6 边框与底纹		17
5	Word 案例 2-2 移动与复制		9	13	Word 案例 3-7 格式刷的妙用		19
6	Word 案例 2-3 查找与替换		9	14	Word 案例 4-1 页面设置		22
7	Word 案例 3-1 字体格式设置（一）		13	15	Word 案例 4-2 插入符号		23
8	Word 案例 3-2 字体格式设置（二）		13	16	Word 案例 4-3 首字下沉		24

二维码索引

序号	任务名称	图形	页码	序号	任务名称	图形	页码
17	Word 案例 4-4 分栏		24	26	Word 案例 7-1 绘制图形		41
18	Word 案例 5-1 拼写和语法检查		28	27	Word 案例 7-2 自选图形的修改		41
19	Word 案例 5-2 视图		29	28	Word 案例 7-3 艺术字		44
20	Word 案例 5-3 页眉和页脚		29	29	Word 案例 8-1 图片的插入		47
21	Word 案例 5-4 插入分隔符		31	30	Word 案例 8-2 图片的修改		49
22	Word 案例 5-5 打印选项设置		31	31	Word 案例 8-3 文本框		50
23	Word 案例 6-1 项目符号		35	32	Word 案例 9-1 批注		53
24	Word 案例 6-2 编号		35	33	Word 案例 9-2 脚注与尾注		55
25	Word 案例 6-3 制作位		37	34	Word 案例 11-1 插入表格		62

序号	任务名称	图形	页码	序号	任务名称	图形	页码
35	Word案例11-2 表格的选取		64	44	Word案例15-1 邮件合并		84
36	Word案例11-3 修改行高与列宽		65	45	Word案例15-2 宏		87
37	Word案例11-4 插入行与列		66	46	Word案例16-1 样式		91
38	Word案例11-5 合并或拆分单元格		67	47	Word案例16-2 目录的生成		92
39	Word案例12-1 表格边框线和底纹		71	48	Word案例16-3 索引		94
40	Word案例12-2 表格内文本的格式化		72	49	Excel案例1-1 启动、退出、界面组成		101
41	Word案例13-1 表格公式计算		75	50	Excel案例1-2 工作表的操作		103
42	Word案例13-2 表格数据排序		76	51	Excel案例1-3 工作表操作实例		104
43	Word案例14 数学公式的插入		79	52	Excel案例2-1 单元格的命名及区域选定		105

二维码索引

序号	任务名称	图形	页码	序号	任务名称	图形	页码
53	Excel案例2-2 录入数据		106	62	Excel案例5-2 自定义序列		118
54	Excel案例2-3 查找替换数据		107	63	Excel案例5-3 填充实例练习		120
55	Excel案例3-1 编辑单元格中的数据移动、复制		109	64	Excel案例6-1 公式		122
56	Excel案例3-2 编辑单元格中的数据插入、清除操作		110	65	Excel案例6-3 引用		124
57	Excel案例3-3 编辑单元格中的数据撤消、恢复		111	66	Excel案例6-2 函数		125
58	Excel案例4-1 单元格格式化		112	67	Excel案例7-1 排序		129
59	Excel案例4-2 条件格式化		113	68	Excel案例7-2 筛选		131
60	Excel案例4-3 自动套用格式		114	69	Excel案例7-3 汇总		132
61	Excel案例5-1 序列填充		116	70	Excel案例8-1 合并计算一		136

序号	任务名称	图形	页码	序号	任务名称	图形	页码
71	Excel 案例 8-2 合并计算二		137	80	Excel 案例 11-2 排名		153
72	Excel 案例 8-3 透视表		138	81	Excel 案例 11-3 最大值、最小值		153
73	Excel 案例 9-1 创建图表		142	82	PPT 案例 1-1 新建、保存、退出		162
74	Excel 案例 9-2 编辑图表		142	83	PPT 案例 2-1 视图		164
75	Excel 案例 9-3 动态图表		143	84	PPT 案例 2-2 格式		169
76	Excel 案例 10-1 插入图片		148	85	PPT 案例 2-3 设计		169
77	Excel 案例 10-2 编辑图片		148	86	PPT 案例 3-1 插入表格		172
78	Excel 案例 10-3 插入艺术字		150	87	PPT 案例 3-2 插入图像		173
79	Excel 案例 11-1 求和、平均		153	88	PPT 案例 3-3 插入插图		175

序号	任务名称	图形	页码	序号	任务名称	图形	页码
89	PPT 案例 3-4 插入超链接		178	99	Outlook 案例 1-3 个性化界面		190
90	PPT 案例 3-5 插入文本与符号		179	100	Outlook 案例 2-1 添加联系人到通讯簿和新建联系人		201
91	PPT 案例 3-6 插入媒体		179	101	Outlook 案例 2-2 导入联系人		202
92	PPT 案例 4-1 切换		180	102	Outlook 案例 2-3 联系人分组		204
93	PPT 案例 4-2 动画		180	103	Outlook 案例 3-1 接收电子邮件及附件操作		207
94	PPT 案例 4-3 动画编辑		180	104	Outlook 案例 3-2 发送邮件、邮件的回复及转发		211
95	PPT 案例 5-1 放映		183	105	Outlook 案例 3-3 编辑邮件及添加删除附件		212
96	PPT 案例 5-2 发送		185	106	Outlook 案例 4-1 邮件的管理和分类		216
97	Outlook 案例 1-1 设置 POP、SMTP、IMAP 服务		190	107	Outlook 案例 4-2 邮件筛选和保存		218
98	Outlook 案例 1-2 将免费邮箱设置到 Outlook 客户端		190	108	Outlook 案例 4-3 建立约会和设置约会提醒		220

目 录

第 3 版前言
二维码索引

第 1 篇 文字处理（Word 2016） 1

案例 1　第一次亲密接触——初识 Word 2016 1
案例 2　替换的魅力——文档的输入与编辑 7
案例 3　一封家书——文档的初级格式化 12
案例 4　小编成长记（一）——文档的特殊格式化 21
案例 5　小编成长记（二）——文档的高级格式化 27
案例 6　制作精美诗词鉴赏——项目符号与编号 34
案例 7　一枚公章——自选图形与艺术字 40
案例 8　送给同学的圣诞礼物——图文处理 47
案例 9　唐诗欣赏——插入脚注、尾注、批注 53
案例 10　欢庆元旦——图文混排综合练习 57
案例 11　制作求职履历表——表格制作 61
案例 12　制作课程表——格式化表格 70
案例 13　制作成绩单——表格中的数据计算 74
案例 14　编制数学公式——公式的插入与编辑 79
案例 15　校庆邀请函——邮件合并与录制宏 82
案例 16　我来大展宏图——Word 2016 长文档排版 90
习题 98

第 2 篇 电子表格（Excel 2016） 100

案例 1　"我"的与众不同——Excel 图形界面 101
案例 2　我来小试牛刀——制作表格 104
案例 3　我来编辑工作表——编辑工作表 108
案例 4　我给国王做新装——工作表格式化 112
案例 5　"我"的特长（一）——快速填充 116
案例 6　"我"的特长（二）——公式与函数 122
案例 7　我帮老师来评比——排序、筛选和汇总 129
案例 8　我来制作数据透视表——合并计算和透视表 135
案例 9　我来看图说话——创建图表 141
案例 10　我在工作表中插入图片——图片的使用 148

目 录

    案例 11   期末成绩单我来做——综合练习 152

    习题 156

第 3 篇   演示文稿（PowerPoint 2016） 158

    案例 1   多姿多彩——创建演示文稿 158

    案例 2   个性自我——视图、开始、设计 164

    案例 3   绘声绘色——插入对象 172

    案例 4   轻舞飞扬——切换、动画 179

    案例 5   隆重推出——放映、导出 182

    习题 186

第 4 篇   电子邮件发送及管理（Outlook 2016） 188

    案例 1   Outlook 2016 设置多个电子邮件账号 188

    案例 2   在 Outlook 2016 中添加管理联系人 200

    案例 3   使用 Outlook 2016 收发电子邮件 207

    案例 4   在 Outlook 2016 中管理邮件和约会 216

    习题 224

附录   习题答案 226

第 1 篇　文字处理（Word 2016）

 球球发言

豆子最近光荣地成了一名校报编辑，有一天，主编对豆子说："豆子，你要想成为一名出色的编辑，就要先精通 Office 中的 Word。""何谓 Office？何谓 Word？真让我犯难！！！我得赶紧向专家球球请教。"

豆子：什么是 Office？

球球：Microsoft Office 是由微软公司的一系列产品。通常包括 Word（文字处理软件）、Excel（电子制表软件）、Outlook（个人信息管理和通信软件）、PowerPoint（幻灯片软件）等及一些附加工具（如 Photo Editor、活页夹、系统信息等）。

豆子：噢，我明白了，那什么是 Word，它有哪些功能呢？

球球：Word 2016 是微软公司 Office 2016 产品之一，是 Office 产品中最受欢迎的组件。Word 是一个功能强大的文档处理系统，除了进行文字处理、表格处理、图文混排等，还可以用来轻松创建 Web 页面，编辑电子邮件，甚至编辑一些可以进行交互的小程序。Word 具有界面友好、操作方便、所见即所得等特点，广泛应用于日常文字处理、图书排版、制作各类函件和报表中，是实现无纸化办公不可多得的工具之一。

❖ **本篇重点**

1）了解 Word 的基本知识。
2）熟悉 Word 文档的操作。
3）认识 Word 文档中格式的使用。
4）Word 文档图文混排的使用。
5）Word 文档表格的使用。
6）邮件合并与录制宏的使用。
7）Word 长文档排版。

 案例 1　第一次亲密接触——初识 Word 2016

【教学指导】

由建立简单的 Word 文件引入，讲授启动 Word 2016、建立和保存 Word 文件的方法，了解简单的 Word 窗口组成和常用格式工具栏的使用，学生可以初步建立并管理 Word 文件。在此基础上简单了解 Word 2016 的新增功能。

【学习指导】

任务

今天豆子接到一项"光荣"的任务，创建一个 Word 文件。这对于从未接触过 Word，不知"Word"为何物的豆子来说着实有点困难，不过豆子可是勇往直前、战无不胜的"时代勇士"，等着瞧吧，豆子一定要成为"Word 高手"！

今天的工作：启动 Word 2016，录入以下文字内容，并且以文件名"第一 .docx"保存在"My Documents"文件夹下。

> 样文：第一 .docx
>
> 我爱计算机
>
> 计算机是人类的朋友；计算机是我们的伙伴；计算机更是人们日常生活中不可缺少的工具！我爱计算机，所以我要更加努力地学习计算机知识。

知识点

一、启动 Word 2016 的常用方法

1）选择"开始"→"Word 2016"。
2）双击桌面上的"W"快捷图标。
3）双击任何一个 Word 文件。
4）找到应用程序"WINWORD.exe"的位置，双击应用程序图标启动。

一般应用程序"WINWORD.exe"的安装位置为：C:\Program Files\Microsoft Office\Office16\WINWORD.exe。

二、Word 2016 的窗口组成

在 Word 2016 中，单击选项卡中相应的标签，即可切换至对应的选项卡下，如"开始""插入"等。Word 2016 沿用了 Word 2010 的界面风格，"新建""保存"等基本操作均在"文件"选项卡下，Word 2016 的工作窗口如图 1-1 所示。

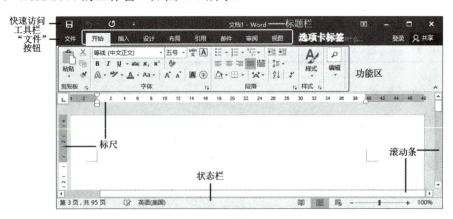

图 1-1　Word 的窗口组成

1. 快速访问工具栏

快速访问工具栏包括"保存""撤销""恢复""自定义快速访问工具栏"等按钮，如图1-2所示，常规的快捷操作可以通过单击快速访问工具栏中的按钮来完成。快速访问工具栏还可以自定义设置：单击快速访问工具栏右侧的"自定义快速访问工具栏"按钮，如图1-3所示，在弹出的菜单中选择需要添加的项目即可，已添加的项目前会显示"√"。

图 1-2　快速访问工具栏

图 1-3　添加快速访问按钮

2. 功能区

功能区中显示的内容与操作用户选择的选项卡标签是相对应的，需要什么功能切换至相应的选项卡即可。Word 2016 的功能分类与 Word 2010 类似，只是在选项卡中多了"设计"选项卡，可见 Word 2016 更加注重文字部分的细节设计，具体分类如图1-4所示。

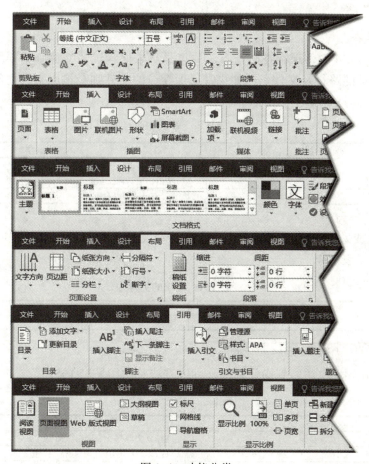

图 1-4　功能分类

三、创建和打开 Word 文档

1. 创建文档

创建空白文档,具体方法及操作见表 1-1。

扫码观看视频

扫码观看视频

表 1-1　创建空白文档

方　　法	操　　作
"文件"按钮方法	选择"文件"→"新建"→"空白文档"命令
快速访问工具栏方法	单击快速访问工具栏中的"新建"按钮
快捷键方法	按 <Ctrl+N> 组合键

2. 打开原有文档

打开原有文档,具体方法及操作见表 1-2。

表 1-2　打开原有文档

方　　法	操　　作
"文件"按钮方法	选择"文件"→"打开"命令
快速访问工具栏方法	单击快速访问工具栏中的"打开"按钮
快捷键方法	按 <Ctrl+O> 组合键
直接打开文件法	对一个已有的 Word 文件双击或单击鼠标右键选择"打开"命令直接打开

四、保存文档

1. 文档的保存

将内存中的 Word 文件保存在磁盘上。如果是从未保存过的文件则会要求指定所要保存文件的路径及文件名;如果是已保存过的文件则会按原来的文件名覆盖保存,具体方法及操作见表 1-3。

扫码观看视频

表 1-3　文档的保存

方　　法	操　　作
"文件"按钮方法	选择"文件"→"保存"命令
快速访问工具栏方法	单击快速访问工具栏中的"保存"按钮
快捷键方法	按 <Ctrl+S> 组合键

2. 文档的另存为

对于保存过或未保存过的文件重新指定路径及文件名保存。即可保存原文件的备份,具体方法及操作见表 1-4。

表 1-4　文档的另存为

方　　法	操　　作
"文件"按钮方法	选择"文件"→"另存为"命令

五、退出 Word 系统

即退出 Word 环境,返回到操作系统,具体方法及操作见表 1-5。

表 1-5　退出 Word 系统

方　　法	操　　作
"文件"按钮方法	选择"文件"→"退出"命令
用关闭按钮直接关闭	单击标题栏右侧的"关闭"按钮
快捷键方法	按 <Alt+F4>、<Ctrl+F4> 组合键

需要注意的是，在 Word 2016 中取消了关闭文档的功能，因此，快捷键 <Ctrl+F4> 和快捷键 <Alt+F4> 能够实现相同的功能，即退出 Word 系统。

六、Word 2016 的新增功能

Word 2016 与早期的版本相比，新增了一些功能，使用起来更加方便。例如，更完美的阅读模式、文档的网络共享功能、便捷的对齐功能、全新的操作说明搜索、直接编辑 PDF 文档等。下面重点介绍这几个新增功能。

1. 更完美的阅读模式

Word 2016 在阅读模式下，文本自动分列重排，更便于在屏幕上阅读。精简菜单，仅包括为用户阅读体验增添价值的工具，让用户可以专注于内容。图 1-5 为阅读模式下的文档效果。

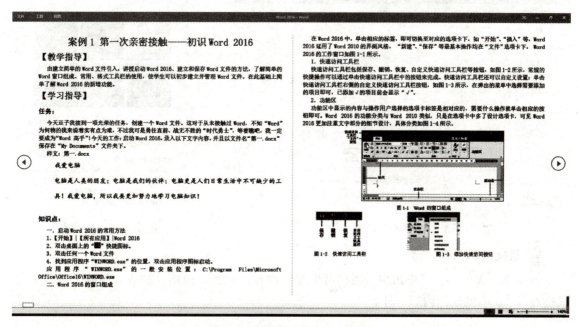

图 1-5　阅读模式下的文档效果

2. 文档的网络共享功能

Word 2016 的网络共享功能不仅使 Word 成为一款优秀的文字处理软件，而且还可供用户沟通交流。共享已经简化，将文件保存到 OneDrive、OneDrive for Business 或 SharePoint 云盘上，将同一个文件的链接发送给所有人，同时为其提供查看和编辑权限，用户将获得文件的最新版本（注：要想使用此功能需要网络连接；必须使用 Microsoft 账户或 Office 365 账户登录）。用户间可以使用 Word 实时讨论、协作处理和共同创作文档。在用户和团队的其他成员对文档进行编辑和更改时，Word 2016 中经过改进的版本历史记录允许用户查看并返回到之前的草稿。跟踪修订，在作为讨论主题的文字旁边直接添加或答复注释。所有人都可以关注对话，随时了解文字、版式和格式的更改。

3. 便捷的对齐功能

Word 2016 赋予用户的文档更加专业的外观——将图表、照片、视频和图与文本对齐。便捷的对齐参考线可以在需要时适时出现，在处理完毕后悄然消失。桌面和平板计算机上的实时布局允许用户将照片、视频或图形拖动到所需位置，重排文本。

4. 全新的操作说明搜索

全新的"操作说明搜索"功能允许用户搜索"功能"，直接返回 Word 中命令的链接，如图 1-6 所示。Word 2016 中新增的 Insights（见解）能从网上为用户找到背景信息，营造全新阅读体验，如图 1-7 所示。

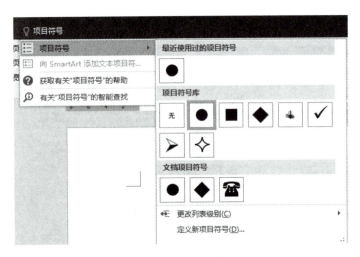
图 1-6 "搜索"功能

图 1-7 Insights 功能

5. 直接编辑 PDF 文档

在桌面版 Word 中打开 PDF，用户可以编辑内容，例如，段落、列表和表格，就像处理最初在 Word 中创建的内容一样。

操作步骤

1）启动 Word 2016。
2）录入文字内容。
3）选择"文件"→"保存"命令或相应的快捷方式，指定保存路径为"My Documents"，输入文件名为"第一.docx"。

我来试一试

1）在"My Documents"文件夹下建立以自己姓名命名的文件夹。

2）打开文件"第一.docx"，使用"另存为"选项将"第一.docx"以文件名"练习一.docx"存于自己姓名的文件夹下。

3）尝试使用"开始"选项卡中的字体、字号、字体颜色、居中、字符底纹等按钮，将录入的文字简单排版成以下格式，如图1-8所示。

图1-8 排版样式

4）存盘退出，关闭Word应用程序，进入自己姓名文件夹下，查看文件是否存在。

5）再次分别打开"练习一.docx"及"第一.docx"，切换任务栏上的两个文件，观察两个文件的异同。

6）使用"屏幕截图"功能，将以上排版文档进行截图，以"屏幕截图.docx"存于姓名文件夹下。

 我来归纳

修改了一篇文章后，要覆盖原有的文章，使用"保存"选项；若想让这篇文章与原文章同时存在，则使用"另存为"选项。另外，Word 2003及以前版本默认存储的文档扩展名为".doc"；从Word 2007开始默认扩展名变更为".docx"，新版本可以兼容以前老版本的文档格式。

 案例2 替换的魅力——文档的输入与编辑

【教学指导】

由生成新文件的任务引入课程，演示讲授文档的输入、选定、编辑、查找替换的方法，使学生达到可以自由地组合、替换Word文档的目的。

【学习指导】

 任务

近日，豆子的邮箱收到两篇混乱的文章，如图1-9和图1-10所示，原来是网友听说豆子初学Word，想让豆子组合成绕口令，如图1-11所示，而且不能直接修改。嘿嘿！想来考

验豆子的水平，这怎能难倒“Word 高手”，且看豆子如何将它“搞定”。

文档一

有个小孩叫小杜，

上街打酒又买梨。

买了梨，打了酒，

回头看见鹰抓兔。

图 1-9　文件“4_2_1.docx”

文档二

放下梨，搁下酒，床前明月光，

上前去追鹰和兔，疑是地上霜。

飞了鹰，跑了兔。举头望明月，

洒了酒，湿了梨。低头思故乡。

图 1-10　文件“4_2_2.docx”

追兔

有个小孩叫小杜，

上街打醋又买布。

买了布，打了醋，

回头看见鹰抓兔。

放下布，搁下醋，

上前去追鹰和兔，

飞了鹰，跑了兔。

洒了醋，湿了布。

图 1-11　生成的新文件“追兔 .docx”

知识点

一、输入文本

1. 移动光标

在 Word 文档中录入文字时，可以发现当前窗口总有一条闪烁的竖线，这条竖线称为插入点光标，它指示当前输入文字的位置。用户可以按“上”“下”“左”“右”键或单击鼠标来移动光标，从而改变输入文字的位置，如果要换行可按 <Enter> 键。

2. 添加文本

当发现输入的内容有遗漏时，可以将插入点光标移动到遗漏位置直接输入文字，如图 1-12 和图 1-13 所示。

我们学习 WORD。|

图 1-12　添加文本前的文件

我们正在|学习 WORD。

图 1-13　添加文本后的文件

3. 撤消错误操作

当发现操作步骤有错误时，可以使用“撤消”操作来进行更正。

（1）执行“撤消”操作的方法

1）快速访问工具栏方法——单击快速访问工具栏上的“↶”按钮。

2）快捷键方法——按 <Ctrl+Z> 组合键。

（2）多级撤消

单击撤消按钮旁边的箭头，可弹出如图 1-14 所示的最近执行的操作的下拉列表，向下移动下拉列表框并单击要撤消的操作，可实现所选择的所有操作的撤消，即多级撤消。

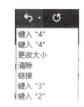

图 1-14　多级撤消

（3）撤消恢复

撤消操作后，快速访问工具栏上的“↻”按钮变得有效，此时可以使用“恢复”按钮对撤消过的操作进行重新恢复。

二、选定文本

在对一段文本进行编辑、格式化等操作前,往往要选定文本。选定文本的示例如图 1-15 所示,其中被选中的部分多以灰色为背景。当鼠标移至任意正文的最左侧空白处,鼠标变为形状时,鼠标所指的区域称为文本选定区。

扫码观看视频

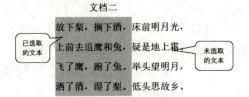

图 1-15 文本的选取

选取文本的常用方法见表 1-6。

表 1-6 选取文本的方法

选定范围	说 明
选定任意文本	把鼠标指针移到选取的字符前,按住左键拖拽到字符的末尾进行选择
选定一行	单击该行左侧的文本选定区
选定整句	按住 <Ctrl> 键,同时在句子的任意处单击鼠标
选定一个段落	将鼠标移至段落内,三击鼠标。或双击该段落左侧的文本选定区
选定整篇文档	使用 <Ctrl+A> 组合键,或三击文本选定区,或按 <Ctrl> 键并单击文本选定区
选定垂直文本块	按住 <Alt> 键,同时拖拽鼠标
取消选定	在选定的位置上,再单击即可

三、编辑文本

1. 删除文本

选中所要删除的文本后,按 <Delete> 键删除文本。删除文本后依然可以使用撤消操作进行恢复。

2. 移动文本

以下两种方法均可以移动文本。
1)选中→剪切→光标移至目标位置→粘贴。
2)选中→拖拽到目的地→释放。

扫码观看视频

3. 复制文本

以下两种方法均可以复制文本。
1)选中→复制→光标移至目标位置→粘贴。
2)选中→Ctrl+ 拖拽到目的地→释放。

四、文本的查找替换

在输入 Word 文档时,要改正文档中重复出现的输入错误(如多次将"醋"输入成了"酒")。如果逐个进行修改,不仅速度慢,还可能会有遗漏,为此 Word

扫码观看视频

2016提供了"查找"和"替换"功能。

1. 文档的查找

查找的方法：单击"开始"选项卡中" 🔍 查找 ▼ "右侧" ▼ "，在下拉列表中选择"高级查找"，此时弹出如图1-16所示的"查找和替换"对话框，单击"查找"选项卡，在"查找内容"中输入要查找的文本（如"酒"），此时在文档中查找到的第一处将高亮显示，若想继续查找，可继续单击"查找下一处"按钮。如果直接单击"查找"按钮或按快捷键<Ctrl+F>，则会在文档左侧出现一个"导航"窗格，在"导航"窗格的文本输入框中直接输入要查找的文本，此时文档中所有相关文本均会以黄色底纹显示，需要切换到哪个，单击下面的搜索结果列表即可。

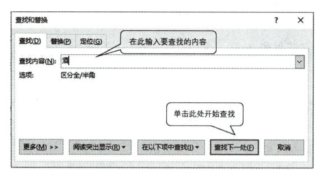

图1-16 "查找"选项卡

2. 文档的替换

替换的方法：单击"开始"选项卡中"替换"按钮或快捷键<Ctrl+H>，此时弹出如图1-17所示的"查找和替换"对话框，在"查找内容"中输入要查找的文本（如"酒"），在"替换为"中输入将要替换的文本（如"醋"），最后再单击"替换"按钮，此时在文档中第一处被查到的文本将被替换；如果单击"全部替换"按钮，则所有被查找到的文本将全部被替换。

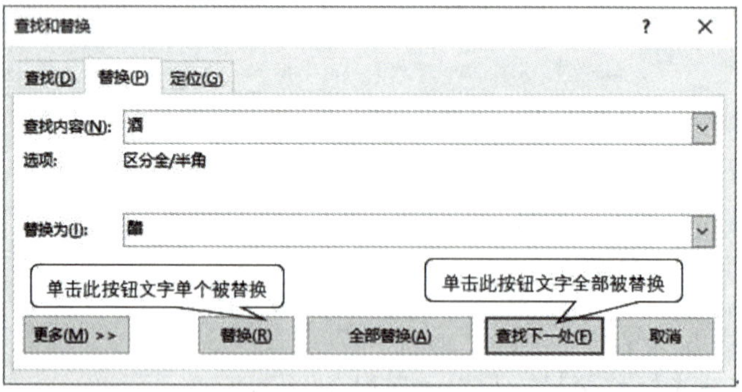

图1-17 "替换"选项卡

> **注意**：在"查找与替换"对话框中单击"更多"按钮，出现如图1-18所示的对话框。使用"更多"选项，可以设定替换的格式及特殊格式。替换的格式如字体、段落和样式等；替换的特殊格式如段落标记、分栏符和省略号等。例如，可以将文章中的"酒"字替换成"红色，蓝色下划线"形式的"醋"字。

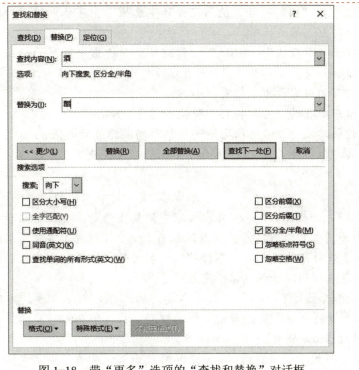

图 1-18 带"更多"选项的"查找和替换"对话框

操作步骤

1）打开"Word 学习 \2"文件夹下的文档"4_2_1.docx"及"4_2_2.docx"。

2）新建一个 Word 文件。

3）选中文档"4_2_1.docx"中除"文档一"3 个字外的其他文本,将它们复制到新建的 Word 文件中。

4）使用"选定垂直文本块"的方法选定文件"4_2_2.docx"中如图 1-15 所示的部分,再使用复制的方法将选定的内容粘贴到新建的 Word 文件中。

5）在新建文件中添加标题"追兔"。

6）单击"开始"选项卡中"替换"按钮,首先在"查找内容"中输入"酒",在"替换为"中输入"醋",单击"全部替换"按钮,完成将文章中的所有"酒"替换成了"醋"。

7）再次单击"开始"选项卡中"替换"按钮,在"查找内容"中输入"梨",在"替换为"中输入"布",单击"全部替换"按钮,完成将文章中的所有"梨"替换成了"布"。

8）单击"文件"→"保存"命令,输入文件名"追兔.docx",保存在个人姓名文件夹下。

至此,一首精美的绕口令诞生了,同时也成功完成了对 Word 文章的修改。

我来试一试

1）打开"Word 学习 \2"文件夹中的文件"白雪公主.txt"。

2）新建一个空白 Word 文档,将"白雪公主.txt"中从标题"《白雪公主》"到"所以王后给她取了个名字,叫白雪公主。"的段落复制到新建的 Word 文档中。

3）去掉标题中的"《》"号，使用"开始"选项卡中字体和段落功能区按钮设定新建 Word 文档中的标题为：华文行楷，二号，红色，居中。

4）将"正在为""望去""皮肤""像这窗""像雪一"后面的回车符去掉，使文章如下文所示成三段。

5）将正文所有的内容设为：仿宋，小四。

6）查找文章中所有的"雪"将它们替换成蓝色"Snow"。

7）将文章的第二段"她若有所思地……"移动成为最后一段。

8）以文件名"白雪公主.docx"保存于个人姓名文件夹下。

操作样文：

白雪公主

　　严冬时节，鹅毛一样的大 Snow 片在天空中到处飞舞着，有一个王后坐在王宫里的一扇窗子边，正在为她的女儿做针线活儿，寒风卷着 Snow 片飘进了窗子，乌木窗台上飘落了不少 Snow 花。她抬头向窗外望去，一不留神，针刺进了她的手指，红红的鲜血从伤口流了出来，有三点血滴落在飘进窗子的 Snow 花上。

　　她的小女儿渐渐长大了，小姑娘长得水灵灵的，真是人见人爱，美丽动人。她的皮肤真的就像 Snow 一样的白嫩，又透着血一样的红润，头发像乌木一样的黑亮。所以王后给她取了个名字，叫白 Snow 公主。

　　她若有所思地凝视着点缀在白 Snow 上的鲜红血滴，又看了看乌木窗台，说道："但愿我小女儿的皮肤长得白里透红，看起来就像这洁白的 Snow 和鲜红的血一样，那么艳丽，那么娇嫩，头发长得就像这窗子的乌木一般又黑又亮！"

我来归纳

查找替换时，如果要使用"更多"选项设定替换的格式，则一定要将光标移到"替换为"对话栏中再设定格式，否则格式就设在了"查找内容"选项中，无法完成查找替换，此时可以把光标移到"查找内容"处使用"不限定格式"按钮来清除"查找内容"中设定的格式，再进行替换就可成功。

案例 3　一封家书——文档的初级格式化

【教学指导】

通过制作"一封家书"来学习字体、段落、边框和底纹等字符的格式化操作，从而达到对文稿的基本排版要求。

【学习指导】

任务

转眼离开家已有几个月了，豆子有些想家了，给家里写封信汇报一下学习情况吧。请看豆子制作的“一封家书”，如图 1-19 所示。

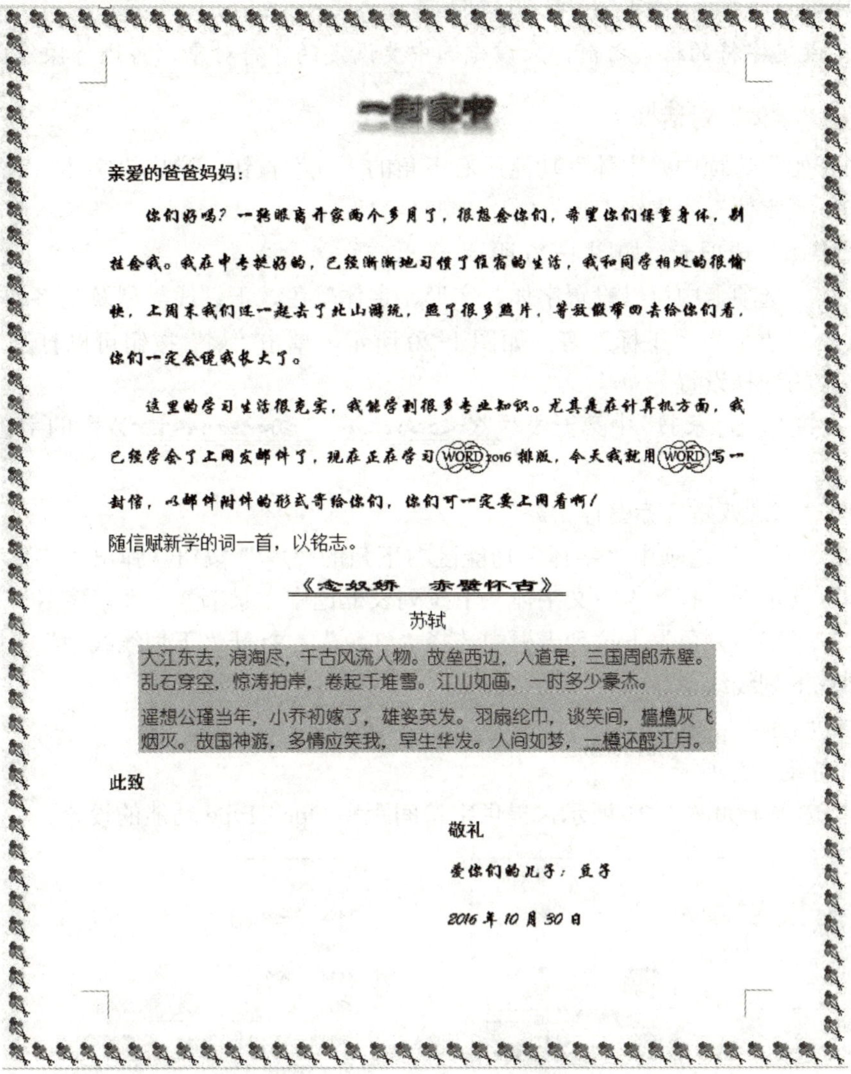

一封家书

亲爱的爸爸妈妈：

你们好吗？一转眼离开家两个多月了，很想念你们，希望你们保重身体，别挂念我。我在中专挺好的，已经渐渐地习惯了住宿的生活，我和同学相处的很愉快，上周末我们还一起去了北山游玩，照了很多照片，等放假带回去给你们看，你们一定会说我长大了。

这里的学习生活很充实，我能学到很多专业知识。尤其是在计算机方面，我已经学会了上网发邮件了，现在正在学习WORD2016排版，今天我就用WORD写一封信，以邮件附件的形式寄给你们，你们可一定要上网看啊！

随信赋新学的词一首，以铭志。

《念奴娇　赤壁怀古》

苏轼

大江东去，浪淘尽，千古风流人物。故垒西边，人道是，三国周郎赤壁。乱石穿空，惊涛拍岸，卷起千堆雪。江山如画，一时多少豪杰。

遥想公瑾当年，小乔初嫁了，雄姿英发。羽扇纶巾，谈笑间，樯橹灰飞烟灭。故国神游，多情应笑我，早生华发。人间如梦，一樽还酹江月。

此致

敬礼

爱你们的儿子：豆子

2016 年 10 月 30 日

图 1-19　“一封家书”示例

知识点

“一封家书”的制作，主要使用 Word 文档的格式化功能，如字体、段落、边框和底纹等，这些格式化的设置也是今后用户对各种文档进行编辑排版时最为常用的功能。

一、字体格式化

1. 设定字体格式的方法

1）选项卡方法——在“开始”选项卡的“字体”选项组中单击“字体”下拉列表。

扫码观看视频

扫码观看视频

2）快捷方法——选中文本后，会在选中文本右上角处出现快捷菜单。

3）快捷键方法——按 <Ctrl+D> 组合键。

> **注意**：设定字符的格式之前，应该先选中要设定的字符对象，再进行操作。

2．设置"字体"对话框

单击"开始"选项中"字体"功能区右下角的"□"按钮，弹出"字体"对话框，包括两个选项卡："字体""高级"。

（1）"字体"选项卡，如图 1-20 所示。

在"字体"选项卡中可以设置字体、字形、字体颜色、下划线类型及文字的一些效果，如"删除线""上标""下标"等，如图 1-20 所示。单击"□"按钮可以打开下拉列表框进行字体格式的选择设置。

例如，设置"一封家书"中第五段"《念奴娇　赤壁怀古》"的字符格式效果，步骤如下：

1）选中"《念奴娇　赤壁怀古》"。

2）单击"开始"选项中"字体"功能区右下角的"□"按钮，弹出"字体"对话框，选择"字体"选项卡。打开"中文字体"下拉列表框选中"隶书"；在"字号"选项中选择"小四"；在"字体颜色"下拉列表框中选择"红色"；打开"下划线线型"下拉列表框，选择第四种双下划线线型。

3）单击"确定"按钮。

（2）"高级"选项卡

"高级"选项卡如图 1-21 所示，提供字符间距和 Open Type 功能的设置。

图 1-20　"字体"选项卡

图 1-21　"高级"选项卡

1)使用"高级"选项卡可以设置字符的缩放比例,还可以调整字符间距、提升或降低字符的位置等,使字符之间产生特殊的排版效果,见表1-7。

表1-7 字符间距示例

正常字符	正常字符	正常字符
缩放66%的字符	间距加宽1.5磅	字符提升3磅
缩放150%的字符	间距紧缩15磅	字符降低3磅

2)OpenType功能。字体设计人员在创建字体时常会增加一些设计以提供一些特殊功能。所选的OpenType字体包括以下部分功能或全部功能,用户可以与字体提供商联系以了解详细信息。利用这些字体,可以使录入的文本增添更多丰富效果,使文字更加精美且更便于阅读。

例如,Microsoft ClearType Collection中的字体(Calibri、Cambria、Candara、Consolas、Constantia和Corbel)包含各种OpenType,有小写、连字、数字形式和数字间距等。Gabriola是与Windows 7一起发布的一种较新的字体,它支持更为丰富的OpenType功能,如广泛应用样式集。

如图1-22所示,为纯文本与使用了OpenType功能文本的对比图。

图1-22 OpenType功能使用前后对比图

3. "文字效果"功能

Word 2016为用户提供了更完美的"文字效果"功能,如文本填充、文本边框、轮廓样式、阴影、映像、发光和柔滑边缘、三维格式等。单击"字体"选项卡左下方"文字效果"按钮,弹出"设置文本效果格式"对话框,如图1-23和图1-24所示进行文字效果设置后,能够使文本更具艺术性,更加醒目和美观。如图1-25所示,为使用了文字效果功能后的显示效果。

图1-23 文字效果对话框(1)

图1-24 文字效果对话框(2)

图 1-25　文本填充、阴影等效果应用于文本

> 注意："OpenType"和"文字效果"功能在兼容模式下是无法使用的，使用这两个功能前要先确认文档的格式。另外，"OpenType"功能只能适用于 OpenType 字体，常见的 OpenType 有：Microsoft ClearType Collection 中的字体 Calibri、Cambria、Candara、Consolas、Constantia 和 Corbel 等。

二、段落格式化

在 Word 文字处理软件中，以按 <Enter> 键作为一个段落的结束，即"↵"符号标识一个段落的结束。单击"开始"选项卡中"段落"选项组中"显示/隐藏编辑标记"按钮，可以显示或隐藏段落标记符号"↵"。

设定段落格式的方法：

选项卡方法——"开始"选项卡中"段落"选项组中相应的按钮。

> 注意：在对多个段落进行段落格式设置之前，需要首先选择要进行设置的段落，否则段落格式的设置只对当前光标所在的段落有效。

单击"开始"选项卡中"段落"功能区右下角的" "按钮，弹出如图 1-26 所示的"段落"对话框。可以通过此对话框来设置段落的行距、段间距、段落缩进、对齐方式等。

1．设置行距

1）选定要设置行距的段落。

2）在图 1-26 中单击"行距"所对应的下拉列表框，选择"单倍行距""1.5 倍行距""最小值"和"固定值"等，如果选择"最小值""固定值""多倍行距"之一，需要在"设置值"文本框中选择或输入具体的数值。

3）单击"确定"按钮。

2．设置段间距（即两个段之间的距离）

1）选定要设置段间距的段落。

2）在图 1-26 所示的"段前""段后"项中输入或选择具体的数值。

3）单击"确定"按钮。

扫码观看视频

图 1-26　"段落"对话框

3．设置段落缩进

段落缩进是指段落与页边距之间的距离。包括左缩进、右缩进及首行缩进等。缩进前后的文章对比如图 1-27 和图 1-28 所示。

1）左、右缩进：左、右缩进可以设置整个段落相对左、右页边界缩进的字符数。设置方法是在图 1-26 中"缩进"所对应的"左侧""右侧"文本框中输入或选择数值，再单击"确定"按钮。

扫码观看视频

2）首行缩进：首行缩进是指在一个段落中第一行的缩进格式。设置方法是在图 1-26 所示"特殊格式"所对应的下拉列表框中选择"首行缩进"，再在"缩进值"所对应的文本框中输入或选择数值，再单击"确定"按钮即可。

3）悬挂缩进：与首行缩进正好相反，是指在段落中除第一行外的其余各行都缩进。设置的方法与"首行缩进"设置方法相同，只是在"特殊格式"所对应的下拉列表框中选择"悬挂缩进"。

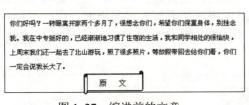
图 1-27　缩进前的文章

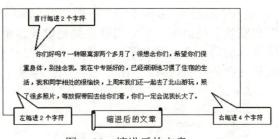
图 1-28　缩进后的文章

注意：还可以拖动水平标尺中的缩进标记按钮来进行缩进设置，如图 1-29 所示。

图 1-29　标尺的缩进标记

4．对齐方式

段落的对齐方式是指文本以何种方式与左、右缩进对齐。可以使用"格式"工具栏或图 1-26 中"对齐方式"下拉列表框进行选择。

常用的对齐方式包括：左对齐、右对齐、居中对齐、两段对齐、分散对齐 5 种。

扫码观看视频

注意：如果要求设置段落的格式单位与 Word 系统给出的单位不符合，例如，要求设置缩进"0.75 厘米"而系统默认的是"2 字符"，此时可以手动修改文本框中的单位，即手动输入"0.75 厘米"。

三、边框和底纹

对文档设置边框和底纹可以使文档更加美观、醒目。设置方法是单击"开始"选项卡中"段落"选项组中的"边框"右侧"▼"按钮，在下拉列表中选择"边框和底纹"命令。

扫码观看视频

注意：边框和底纹的应用范围可以是文字，也可以是段落。选择应用范围为"文字"时，只在有文字的地方加边框和底纹。选择应用范围为"段落"时，整个段落都加上边框和底纹。同时，自定义的选项只适用于段落边框，文字边框没有自定义方式。

边框和底纹对话框包括边框、页面边框、底纹 3 个选项卡。

1．边框

单击"开始"选项卡中"段落"选项组中的"边框"右侧"▼"按钮，在下拉列表中选择"边框和底纹"命令，出现如图 1-30 所示的"边框和底纹"对话框。在此对话框中，可以对选中的文字、段落或表格等加边框，也可以对边框的"线型""颜色""宽度"等进行设置，边框效果举例如下：

　　方框型文字边框　　阴影型文字边框　　三维型文字边框

如果想取消文字或段落的边框，只要选中有边框的文字或段落后，在图1-30的"设置"项中选取"无"选项。

2．页面边框

单击"设计"选项卡中"页面背景"选项组中"页面边框"，出现如图1-31所示的"边框和底纹"对话框。页面边框主要是设置整个页面的边框。设置方式与"边框"选项卡的设置基本相同，只不过多了一个"艺术型"选项设置，使用"艺术型"页面边框可以让页面设置更具有独特的魅力，如在"一封家书"中整个页面"🐟"图案就是使用"页面边框"来设置的。

图1-30　"边框"选项卡　　　　　　图1-31　"页面边框"选项卡

3．底纹

单击"开始"选项卡中"段落"选项组中"边框"右侧"▼"按钮，在下拉列表中选择"边框和底纹"命令，选择"底纹"选项卡，如图1-32所示。在此对话框中，可以对选中的文字、段落或表格等加底纹；可以设定底纹的"填充颜色""图案式样""图案颜色"。例如，在"一封家书"中在"赤壁怀古"词的内容就设置了"底纹"的"填充颜色"为"橄榄色，个性色3，淡色40%"的效果。

图1-32　"底纹"选项卡

四、复制格式的小技巧：格式刷的使用

使用"常用"工具栏上的""可以快速地将设置好的文本格式复制到其他文本上，使用方法：

扫码观看视频

1）选定设置好格式的文本。
2）单击或双击"格式刷"按钮。
3）将光标移到目标文本（要设置格式的文本）上，选中目标文本即可复制格式。
4）返回"常用"工具栏，单击"格式刷"按钮取消格式复制。

> 注意：在方法 2）中，如果单击"格式刷"按钮，只可复制格式一次，不需要使用方法 4）；如果双击"格式刷"按钮，可复制格式多次，此时需要使用方法 4）。

操作步骤

1）打开"Word 学习\3"文件夹下文件"一封家书.docx"，使用"文件"→"另存为"命令。

2）以"家书.docx"为文件名存于姓名文件夹下。

3）单击"设计"选项卡中"页面背景"选项组中的"页面边框"按钮，选择"页面边框"选项卡，设定页面边框为"艺术型"的第十一种（不包括"无"）。

4）选中标题"一封家书"，设为：隶书，小四，居中对齐，其他文字效果自选。

5）选中正文第一段"亲爱的爸爸妈妈"，设为：黑体，小四。

6）选中正文的第二段和第三段，设为：华文行楷，小四。首行缩进 2 字符，1.5 倍行距。英文及数字格式选择合适的字体设置 OpenType 功能，效果自选。

7）在"《念奴娇 赤壁怀古》"及"苏轼"后分别按 <Enter> 键，使之单独成第五段及第六段。

8）选中正文第五段，设为：加双下划线，居中对齐，隶书，小四，字体颜色为红色，缩放 150%。

9）选中正文第六段，设为：宋体，小四，颜色为黑色，居中对齐。

10）选中正文第七段和第八段，将内容的格式设置为：幼圆，小四，深红色。单击"开始"选项卡中"段落"选项组中的"边框"右侧"▼"按钮，在下拉列表中选择"边框和底纹"命令，选择"底纹"选项卡，设置底纹的"填充颜色"为"橄榄色，个性色 3，淡色 40%"的效果。

11）选中正文第九段及第十段，将"此致敬礼"的格式设为：黑体，小四，段前段后各 0.5 行。

12）最后设置署名和日期的格式为：华文行楷，小四。

> 注意：以上没提到设置项均在"开始"选项卡中"字体"选项组及"段落"选项组中设定。

我来试一试

1）打开"Word 学习\3"文件夹下文件"4_3_1.docx"，以文件名"字体格式.docx"保存于个人姓名文件夹下，并按下列样文设置文字中字符格式。

样文：字体格式.docx

五号宋体	三号楷体	二号隶书	小三黑体
宋体加粗	*倾斜*	<u>双下划线</u>	字符底纹
字距加宽 1.5 磅	字距紧缩1磅	字符加框	加双删除线
三号设置^{上标}	四号设置_{下标}	字符提升	字符降低
发光字效果	隶四文本填充	三号缩放 80%	小五缩放 150%

2）打开"Word学习\3"文件夹下文件"4_3_2.docx"，以文件名"名落孙山.docx"存于个人姓名文件夹下，并按样文设置文档格式。

①设置字体及字色：第一行，黑体；正文第四段和第六段，华文行楷，蓝色；最后一行，隶书。

②设置字号：第一行，小三；正文第四段、第六段，四号；最后一行，小四。

③设置字形：第一行，粗体。

④设置对齐方式：第一行，居中；最后一行，右对齐。

⑤设置段落缩进：正文第四段、第六段首行缩进 0.75 厘米，左右各缩进 1.6 厘米；正文第一、二、三、五、七段首行缩进 0.75 厘米。

⑥设置行（段）间距：标题"名落孙山"，段后 12 磅；正文第四段，行距为"最小值"，14 磅；正文第二、三段段前、段后各 3 磅。

⑦设置正文第四段底纹：填充，白色；图案式样，10%，颜色，金色；应用范围，文字。

⑧设置文本效果：第一行，设置文字发光效果；第六段，设置右上对角透视效果。

样文：名落孙山.docx

名落孙山

在我国宋朝的时候，有一个名叫孙山的才子，他为人不但幽默，而且很善于说笑话，所以附近的人就给他取了一个"滑稽才子"的绰号。

有一次，他和一个同乡的儿子一同到京城，去参加举人的考试。放榜的时候，孙山的名字虽然被列在榜文的倒数第一名，但仍然是榜上有名，而那位和他一起去的那位同乡的儿子，却没有考上。

不久，孙山先回到家里，同乡便来问他儿子有没有考取。孙山既不好意思直说，又不便隐瞒，于是，就随口念出两句不成诗的诗句来：

"解元尽处是孙山，贤郎更在孙山外。"

解元，就是我国科举制度所规定的举人第一名。而孙山在诗里所谓的"解元"，乃是泛指一般考取的举人。他这首诗全部的意思是说：

"举人榜上的最后一名是我孙山，而令郎的名字却还在我孙山的后面。"

从此，人们便根据这个故事，把报考学校或参加各种考试，没有被录取，叫作"名落孙山"。

摘自《寓言故事》

我来归纳

设置字符和段落的格式化时，必须先选定要格式化的字符或段落再设置；设置边框和底纹时，选择的范围（"文字"或"段落"）不同，排版效果也不同。

 小编成长记（一）——文档的特殊格式化

【教学指导】

通过制作校报文章来学习页面设置、插入符号、分栏、首字下沉等字符的格式化操作，从而达到简单的文本排版要求。

【学习指导】

 任务

由于豆子的 Word 学习成绩出众，被聘为校报编辑。今天学长交给豆子一篇文章，嘱咐豆子排版，且看豆子如何操作：制作如图 1-33 所示的排版效果图。

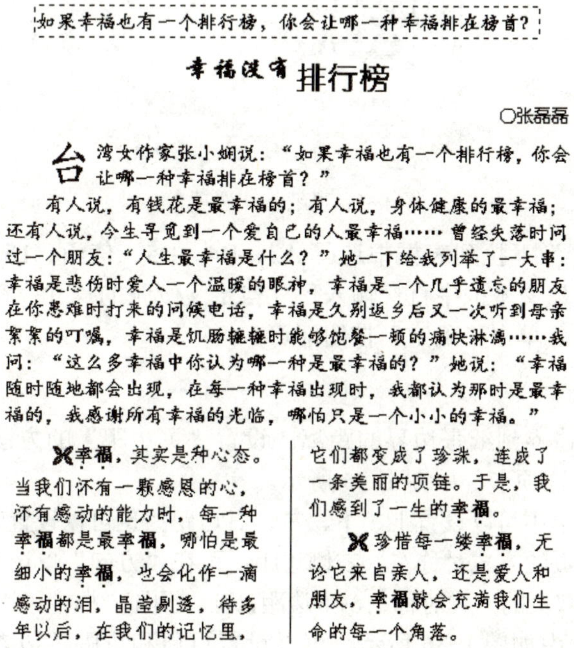

图 1-33 任务制作效果图

知识点

一、页面设置

在对文稿排版前，首先应设置纸张及页面的情况。

扫码观看视频

页面设置的方法：

1）选项卡方法——单击"布局"选项卡中"页面设置"选项组中相应的按钮。

2）快捷方法——双击水平或垂直标尺的空白处。

1．设置纸型

Word 2016默认页面纸型是A4纸（21cm×29.7cm），纵向。修改纸型的方法是在"页面设置"对话框中选择"纸张"选项卡，界面如图1-34所示。

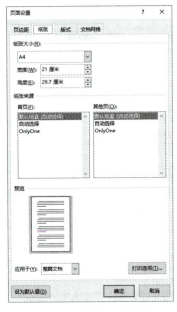

图1-34 "纸张"选项卡

可以在"纸张大小"下拉列表框中选择A3、B4、B5、信函、16开、32开等纸型，也可以在"宽度""高度"文本框中直接输入尺寸自定义纸张的尺寸；在"预览"框中观看页面的整体效果，选择后，单击"确定"按钮即可。

2．设置页边距

"页边距"即文档边界到纸张边界的距离。设置"页边距"的方法是在"页面设置"对话框中选择"页边距"选项卡，如图1-35所示。

在"页边距"选项卡中可以设置上、下、左、右边距；也可以设置装订线的位置；若选中"对称页边距"可按双页的方式对称左、右侧边距；可在"方向"单选框中设置纸张方向；若选中"拼页"选项可按双页的方式对称上、下边距，在"预览"框中可以观看页面的整体效果。

在"版式"选项卡中如图1-36所示，可以设置页眉和页脚距边界的距离、页面垂直的对齐方式等。

图1-35 页边距选项卡

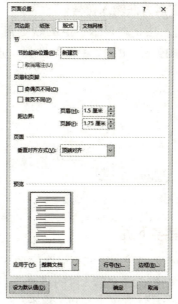
图1-36 版式选项卡

二、插入符号和特殊符号

有时在 Word 文档中会用到一些符号或特殊符号，如样文中的"○""✂"符号等，可以使用 Word 提供的插入符号和特殊符号的功能。

扫码观看视频

插入符号和特殊符号的方法：

1）选项卡方法——单击"插入"选项卡中"符号"选项组中"符号"下拉列表中的"其他符号"按钮。

2）软键盘方法——使用输入法的软键盘输入符号。

1. 选项卡方法插入符号

单击"插入"选项卡中"符号"选项组中"符号"下拉列表中的"其他符号"按钮，出现如图 1-37 所示的"符号"对话框。选择"符号"选项卡可以通过"字体"和"子集"找到符号所在的位置，选中符号后，单击"插入"按钮即可完成符号的插入。选择"特殊字符"选项卡，可以插入"段落标记""省略号""节"等特殊字符。

图1-37 "符号"对话框

2. 软键盘方法输入符号

使用输入法状态显示条上的软键盘（见图1-38）输入符号的方法：右击软键盘按钮，弹出如图1-39所示的13种输入选择，选择相应的符号项目，即可插入符号。

图1-38 输入法的软键盘　　　　　　　图1-39 软键盘的输入符号菜单

三、首字下沉

将Word文档某一段的第一个字放大数倍称为"首字下沉"。例如，样文第一段的"台"字就属于首字下沉。这种排版格式常见于书刊、报纸。

扫码观看视频

首字下沉的设置方法：选项卡方法——单击"插入"选项卡中"文本"选项组中"首字下沉"按钮的下拉选项，弹出如图1-40所示的首字下沉对话框。在此对话框中可设置下沉的位置、下沉首字的字体、下沉行数、距正文的距离等。取消首字下沉，只要选定下沉的段落后，在首字下沉"位置"选项中选择"无"即可。

> **注意**：首字下沉的设置通常放在字体、段落等常规格式的设置之后，否则可能会影响到其他格式的设置效果。

图1-40 "首字下沉"对话框

四、分栏

在杂志、书刊、报纸的排版中，多用到分栏。Word 2016可以将整篇文档按同一格式分栏，也可按不同格式分栏，如样文中的最后两段就用到了分栏。

扫码观看视频

1. 设置分栏的方法

选项卡方法——单击"布局"选项卡中"页面设置"选项组中的"分栏"的"更多分栏"按钮，出现如图1-41所示的对话框。

2. 设置分栏的步骤

1）选中要分栏的段落。

2）设置分栏的方式、栏数、栏宽和间距、是否加分隔线等。

3）单击"确定"按钮。

取消分栏只要选定已分栏的段落，在图1-41所示的分栏对话框中，设置"预设"项为"一栏"即可。

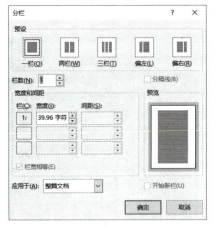

图1-41 "分栏"对话框

> **注意：**如果要分栏的段落是文档的最后一段，为避免出现右空栏的现象，在选定段落时不要选择最后一段的"↵"符号。

 **操作步骤**

1）打开"Word 学习\4"文件夹下文件"幸福没有排行榜.docx"，使用"文件"→"另存为"命令以"幸福.docx"为文件名存于姓名文件夹下。

2）单击"布局"选项卡中"页面设置"选项组右下角的"↘"按钮，打开"纸型"选项卡，设置纸型为"自定义"类型，宽 18 厘米、高 20 厘米；打开"页边距"选项卡，设置纸张的上、下、左、右边距均为 3 厘米。

3）选中"如果幸福也有一个排行榜，你会让哪一种幸福排在榜首？"，复制到标题之前。选中复制后的文字，设置字体格式：楷体、小四、深蓝，文字 2、居中。单击"开始"选项卡中"段落"选项组中"边框和底纹"按钮，设置方框选项卡为：方框型，线型第四种，宽度 1 磅，应用范围为文字。

4）设置标题。在标题"幸福没有"之后插入一个空格符；选中全部标题，设置格式：居中、加粗、蓝色、2 倍行距；选中字符"幸福没有"，设置格式：华文行楷，小三号；选中字符"排行榜"，设置格式：幼圆，小二；字符降低 7 磅，加浅黄色底纹。

5）插入符号。光标移到作者之前，单击"插入"选项卡中"符号"选项组中的"符号"按钮，在"符号"选项卡中的字体中选择"标准字体"，子集选择"CJK 符号和标点"插入符号"○"；光标分别移到最后两段之前，单击"插入"选项卡中"符号"选项组中的"符号"按钮，在"符号"选项卡中的字体中选择"wingdings"，插入符号"✾"。

6）选中作者，设置字体格式：楷体，五号，居右，行距最小值 15 磅，段后 0.5 行。

7）选中正文 1～4 段，设置格式：首行缩进 2 字符；选中第一段和第二段，设置字体格式：楷体，小四；选中第二段，设置段落格式：段后 0.5 行。选中第三段和第四段，设置字体格式：仿宋，小四。

8）查找替换。选中正文后两段，单击"开始"选项卡中"编辑"选项组中的"替换"按钮，在"查找内容"中输入：幸福，在"替换为"中输入：幸福，设置替换格式为：字体颜色，粉红，并加着重号。搜索范围：向下，单击"全部替换"按钮完成替换。

9）分栏。选中正文后两段，单击"布局"选项卡中"页面设置"选项组中的"分栏"下拉选项的"更多分栏"按钮，分两栏，栏宽默认，加分隔线。

10）首字下沉。将光标至于第一段，单击"插入"选项卡中"文本"选项组中的"首字下沉"下拉选项的"首字下沉选项"，设置位置为"下沉"，下沉行数：2 行。

11）保存文件，完成设置。

 **我来试一试**

1）在个人文件夹下建立文件"禁止吸烟.docx"，自由设置纸张类型及字体字号，为办公室设计"禁止吸烟"标志。如图 1-42 所示。

禁止吸烟

图 1-42 设计"禁止吸烟"标志

2）打开"Word学习\4"文件夹下文件"灰姑娘.txt"，使用"另存为"命令以文件名"灰姑娘.docx"存于个人姓名文件夹下，并按样文设置文档格式。

3）将页面设置为A4纸，上、下、左、右边距分别为2、2、2、2厘米，页眉、页脚距边界分别为1.5、1.5厘米。页面边框为艺术型自选，阴影类型，宽度自定义。

4）删除文件的后半部分，保存到前三段。

5）将标题的书名号去掉，设为隶书、二号字、自由设置文字效果，居中，多倍行距：3。

6）将所有的文字设为首行缩进二字符，段前段后各0.5行。

7）将第一段与第三段设为华文行楷，蓝色，小三号字；第二段设为隶书，倾斜，四号字，橄榄色。

8）将第三段设三栏，并加分隔线；将第一段设为首字下沉2行、距正文0.5厘米。

9）在二段首插入符号"☆"，（标准字体｜制表符中查找），第三段首插入符号"♣"（字体Symbol中查找）。

10）将文章中所有的"妻子"替换为"WIFE"，并设为"红色，着重号"字体模式。

样文：灰姑娘.docx

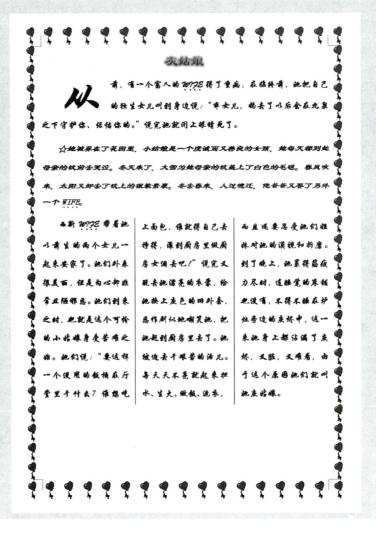

我来归纳

设置字符和段落的格式化时，应该按照先整体再局部、先常规再特殊来设置。即先设置字体、段落等常规格式化，再设置首字下沉、分栏等特殊格式化。

案例 5　小编成长记（二）——文档的高级格式化

【教学指导】

通过制作并打印两页校报文章来学习拼写检查、视图模式、页眉页脚、插入分页符、打印预览、打印等操作，达到可以对中等难度文本的排版要求。

【学习指导】

任务

今日学长看了豆子的排版稿，连赞他才华出众，正当他洋洋得意之时，学长又塞给豆子一篇文章：“将这篇文章中的错误改正一下，与你上次的那篇一起输出吧。”“改错？这对我还不是小菜一碟！”低头一看，竟然全是英文！“晕！”忽然间豆子灵机一动，可以请Word 帮忙嘛。它的制作效果如图 1-43 所示，打印输出。

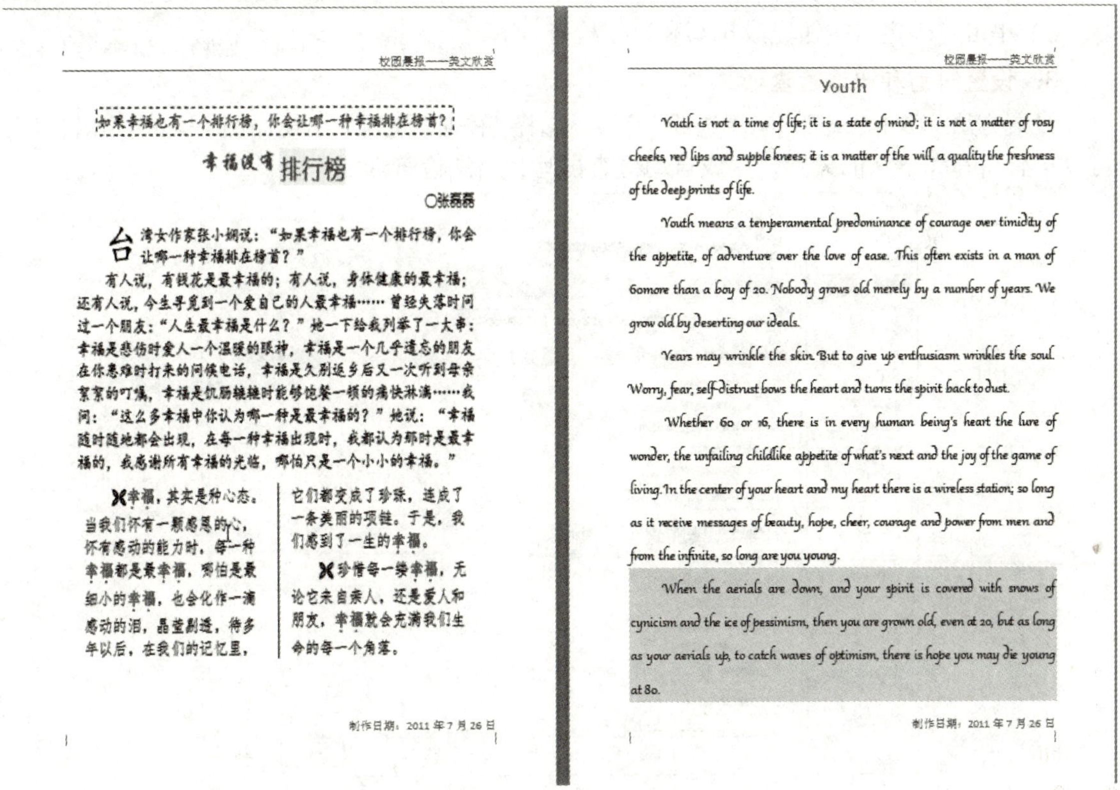
校园晨报——美文欣赏

如果幸福也有一个排行榜，你会让哪一种幸福排在榜首？

幸福没有排行榜

○张磊磊

台湾女作家张小娴说：“如果幸福也有一个排行榜，你会让哪一种幸福排在榜首？”

有人说，有钱花是最幸福的；有人说，身体健康的最幸福；还有人说，今生寻觅到一个爱自己的人最幸福……曾经失落时问过一个朋友：“人生最幸福是什么？”她一下给我列举了一大串：幸福是悲伤时爱人一个温暖的眼神，幸福是一个几乎遗忘的朋友在你患难时打来的问候电话，幸福是久别返乡后又一次听到母亲絮絮的叮嘱，幸福是饥肠辘辘时能够饱餐一顿的痛快淋漓……我问：“这么多幸福中你认为哪一种是最幸福的？”她说：“幸福随时随地都会出现，在每一种幸福出现时，我都认为那时是最幸福的，我感谢所有幸福的光临，哪怕只是一个小小的幸福。”

幸福，其实是种心态。当我们怀有一颗感恩的心，怀有感动的能力时，每一种幸福都是最幸福，哪怕是最细小的幸福，也会化作一滴感动的泪，晶莹剔透，待多年以后，在我们的记忆里，它们都变成了珍珠，连成了一条美丽的项链。于是，我们感到了一生的幸福。

珍惜每一缕幸福，无论它来自亲人，还是爱人和朋友，幸福就会充满我们生命的每一个角落。

制作日期：2011 年 7 月 26 日

校园晨报——美文欣赏

Youth

Youth is not a time of life; it is a state of mind; it is not a matter of rosy cheeks, red lips and supple knees; it is a matter of the will, a quality the freshness of the deep prints of life.

Youth means a temperamental predominance of courage over timidity of the appetite, of adventure over the love of ease. This often exists in a man of 60more than a boy of 20. Nobody grows old merely by a number of years. We grow old by deserting our ideals.

Years may wrinkle the skin. But to give up enthusiasm wrinkles the soul. Worry, fear, self-distrust bows the heart and turns the spirit back to dust.

Whether 60 or 16, there is in every human being's heart the lure of wonder, the unfailing childlike appetite of what's next and the joy of the game of living. In the center of your heart and my heart there is a wireless station; so long as it receive messages of beauty, hope, cheer, courage and power from men and from the infinite, so long are you young.

When the aerials are down, and your spirit is covered with snows of cynicism and the ice of pessimism, then you are grown old, even at 20, but as long as your aerials up, to catch waves of optimism, there is hope you may die young at 80.

制作日期：2011 年 7 月 26 日

图 1-43　制作效果图

知识点

一、拼写和语法检查

对于文档中可能存在的英文单词的拼写错误、中英文语法或写作风格错误，Word 2016 提供了拼写和语法检查功能。

扫码观看视频

1. 拼写和语法检查的方法

1）选项卡方法——单击"审阅"选项卡中"校对"选项组中的"拼写和语法"按钮。

2）快捷键方法——按 F7 键。

2. 拼写和语法检查的步骤

1）选定要进行拼写和语法检查的段落，如不选择，则从当前光标位置开始检查。

2）按 <F7> 或单击"审阅"选项卡中"校对"选项组中"拼写和语法"按钮，如图 1-44 所示任务栏。错误的单词出现在上方，下面列表框中给出更改建议。选择"忽略"或"全部忽略"按钮不对当前单词或所有单词更改；选择"添加"将当前单词添加到词典中；选择"更改"或"全部更改"按钮可以对当前单词或所有错误单词更改。

3）单击"确定"按钮完成拼写和语法检查。

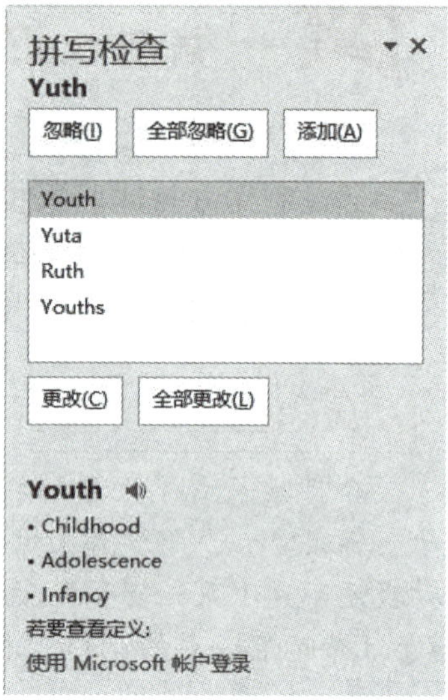

3. 设置拼写和语法检查项

设置方法：单击"文件"→"选项"命令，选择"校对"选项，出现如图 1-45 所示对话框，可以进行拼写和语法的设置，完成自动检查拼写和语法检查功能。

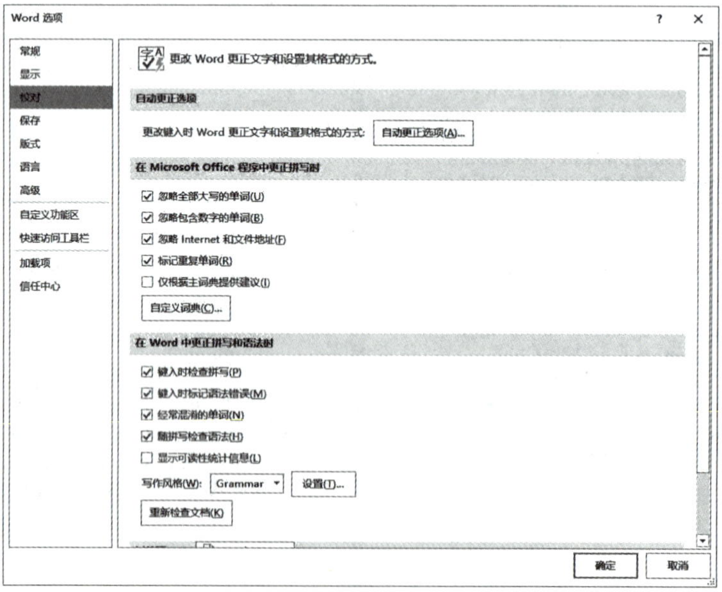

图 1-44 "拼写和语法"对话框

图 1-45 设置拼写和语法

1）选中"键入时检查拼写"和"键入时标记语法错误"复选框。
2）清除"隐藏文档中的拼写错误"和"隐藏文档中的语法错误"复选框。
3）单击"确定"按钮。

这样，在输入英文或汉字时，Word 就会自动检查拼写和语法，拼写错误用红色下画波浪线标出，语法错误用蓝色下画波浪线标出，在错误单词处单击右键就可更正单词。

二、视图模式

Word 2016 显示文档的方式称为视图模式。视图模式有页面视图、阅读视图、Web 版式视图、大纲视图、草稿 5 种。视图模式不会改变文档本身，只是显示效果有所不同。

扫码观看视频

切换视图方式的方法：
1）选项卡方法——单击"视图"选项卡中"视图"中相应按钮。
2）快捷方法——单击 Word 状态栏中的" "按钮切换（状态栏中的视图模式只有三种，从左至右分别为阅读视图、页面视图、Web 版式视图）。

1．页面视图

默认的视图模式。以分页方式显示文档，显示的效果与打印的效果几乎完全相同，所见即所得。

2．阅读版式视图

是进行了优化的视图，以便于在计算机屏幕上阅读文档。在阅读版式视图中，用户还可以选择以文档在打印页上的显示效果进行查看。

3．Web 版式视图

为使用户浏览联机文档和制作 Web 页提供的视图方式，能够仿真 Web 页来显示文档。

4．大纲视图

可以折叠文档，只查看标题，便于了解文档的结构和重新组织文档。

5．草稿

一种基本的显示方式，不显示页面的排版的效果，页与页之间用分页线分隔，只显示文本及其格式，不显示文本框中的其他对象，如图片等。

三、设置页眉和页脚

打印在文本每页顶部或底部的文字、图形等称为页眉或页脚。它可以是页码、日期、标题、公司名称等内容，使文档更具特色。

扫码观看视频

1．设置页眉页脚的方法

选项卡方法——单击"插入"选项卡中"页眉和页脚"选项组中的"页眉"或"页脚"或单击下拉选项的"编辑页眉"或"编辑页脚"。

2．设置页眉页脚的步骤

1）单击"插入"选项卡中"页眉和页脚"选项组中"页眉"或"页脚"或单击下拉

选项的"编辑页眉"或"编辑页脚",其中,页眉和页脚分别内置了20种页眉和页脚的模板,如果不需要模板的样式设置也可以选择"编辑页眉""编辑页脚"命令,此时正文呈浅色显示,进入页眉/页脚编辑区,如图1-46所示。

图1-46 页眉和页脚编辑区

2)输入页眉或页脚内容:可以在页眉页脚编辑区中直接输入文字或插入图片,也可使用"页眉和页脚"工具栏中的工具按钮输入页码、日期、时间或插入"自动图文集"等内容。输入后可以设定字符的格式,可以通过按<Tab>键或空格键等来调整字符的位置。

3)页眉与页脚区之间的切换:在进入页眉和页脚编辑状态后,选项卡标签会自动添加"页眉和页脚工具设计"的选项卡(如图1-47所示),在此选项卡的功能区中单击"转至页眉"或"转至页脚"的按钮就可以实现页眉和页脚之间的切换。

图1-47 "页眉和页脚工具设计"选项卡

4)单击"页眉和页脚工具设计"选项卡中功能区右侧的"关闭页眉和页脚"按钮返回到文本输入状态,此时页眉页脚区变成浅色。

> **注意:** 1)只有在页面视图模式或打印预览状态下页眉和页脚才可见,其他视图模式不可见页眉和页脚。2)要删除页眉和页脚,只要进入页眉和页脚编辑状态,选中后按<Delete>键删除即可;或单击"插入"选项卡中"页眉和页脚"选项组中"页眉"或"页脚"或下拉选项中的"删除页眉"或"删除页脚"命令。

四、插入页码

除了在页眉页脚中插入页码外,还可以单击"插入"选项卡中"页眉和页脚"选项组中"页码"来插入页码。

单击"插入"选项卡中"页眉和页脚"选项组中"页码",出现如图1-48所示的下拉列表,在"页面顶端""页面底端""页边距""当前位置"4个选项中分别内置了不同数量的页码样式模板,选择相应模板即可在相应位置添加页码;单击"设置页码格式"选项,如图1-49所示的"页码格式"对话框,可以设置页码的格式。

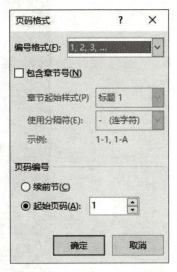

图1-48 插入页码选项　　　　　　图1-49 "页码格式"对话框

要删除页码，首先要进入页眉页脚编辑区，选中后，按<Delete>键即可删除；或单击"插入"选项卡中"页眉和页脚"选项组中"页码"下拉选项"删除页码"命令。

五、插入分隔符

Word 2016提供手动插入分页符、换行符、分栏符、分节符等分隔符，设置方法是移动光标至要插入分隔符的位置，再单击"布局"选项卡中"页面设置"选项组中的"分隔符"，出现如图1-50所示"分隔符"插入列表。各种分隔符的功能如下。

分页符：文本强制另起一页。

换行符：文本强制另起一行。

分栏符：文本另起一栏排版。

分节符：文本分成下一节，可在下一节设置与上节不同的排版格式（如页面设置等）。

扫码观看视频

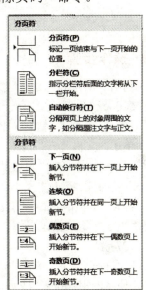

图1-50 分隔符插入列表

六、打印

排版好的文档可以打印输出。

扫码观看视频

打印方法：选项卡方法——"文件"→"打印"命令。弹出如图1-51所示"打印"选项，可以设置打印机类型、页面范围、打印内容、打印份数等，单击"打印"按钮开始打印。打印选项右侧即为预览栏，可以预览需要打印的文稿，拖动预览栏右下脚的滑块，可以调整预览页面的大小。

图1-51　打印选项

操作步骤

1）打开"Word 学习\5"文件夹下文件"youth.docx",单击"文件"→"另存为"命令,以"英文 .docx"为文件名存于姓名文件夹下。单击"审阅"选项卡中"校对"选项组中的"拼写和语法"或按<F7>键,对照"youth 正确文稿"改正"英文 .docx"中的错误单词。

2）单击"文件"→"新建"选项组中的"空白文档"或使用快捷方式新建一篇 Word 文档,单击"布局"选项卡中"页面设置",设置纸型为:B5、纵向。单击"文件"→"保存"以"校报 .docx"存于姓名文件夹下。

3）打开"Word 学习\5"文件夹下文件"幸福没有排行榜排版稿 .docx",选中全文复制到"校报 .docx"中,移动后两段至第一页,并重新分二栏、加分隔线。选中正文1～4段,设置行距:固定值,27磅。

4）移光标至文末,单击"布局"选项卡中"页面设置"选项组中的"分隔符"按钮,插入"分页符",使"校报 .docx"成为两页。选中"英文 .docx"中英文文稿部分,复制到"校报 .doc"第二页中。

5）设置英文文档格式。标题"YOUTH"字体为 Comic Sans Ms,三号,居中,蓝色。正文部分设置字体为 Gabriola,三号,首行缩进2个字符,设置 OpenType 功能样式集5,最后一段添加底纹,式样为"10%",无填充色,应用范围为段落,字体颜色为深蓝色。

6）设置页眉和页脚。单击"插入"选项卡中"页眉和页脚",页眉输入"校园晨报——美文欣赏",居右对齐。页脚输入"制作日期",并插入日期,居右对齐。

7）保存文件;单击"文件"→"打印"查看打印效果。

8）在有条件的情况下,单击"文件"→"打印"打印文档。

第1篇 文字处理（Word 2016）

我来试一试

1）新建一篇空白 Word 文档，以文件名"练习.docx"存于个人姓名文件夹下。

2）页面设置：纸型，纵向，B5；页边距，上、下、左、右边距均为 2 厘米；页眉为 1.6 厘米；页脚为 1.8 厘米。

3）打开"Word 学习\5"文件夹下文件"小红帽.txt"，复制标题及前三段文章到"练习.docx"。

4）设置中文格式：

① 将每段设为首行缩进 2 个字符。

② 将标题设为"黑体，二号，居中，红色"。

③ 将正文设为"楷体，小四"。

④ 设置正文为"1.5 倍行距"。

⑤ 将后两段分为两栏，添加分隔线。

5）打开"WORD 学习\5"文件夹下文件"练习 1.txt"，将文本内容全部复制到中文文章之后。

6）使用"拼写和语法"功能将文中的错误单词依次更正为：knowledge、much、now、much、this。

7）将英文全文首行缩进 2 字符。添加底纹：10；字体颜色：靛蓝。

8）设置页眉和页脚：添加页眉文字"童话故事"，仿宋，小四；插入页码，并按样文设置页眉格式，添加页脚文字"制作日期："并插入日期，右对齐。

9）保存文件。

样文：小红帽.docx

我来归纳

要注意区分页眉页脚编辑区与文档编辑区，只有在页眉、页脚编辑区时，才能设置并修改文档的页眉、页脚和页码。

办公软件实训教程 第3版

案例 6 制作精美诗词鉴赏——项目符号与编号

【教学指导】

通过制作精美诗词鉴赏来学习设制制表位、项目符号和编号的使用方法,达到熟练制作并运用的目的。

【学习指导】

 任务

很多文章在排版时要用到相同格式的符号或编号,这些符号或编号是为了使文档的层次结构更清晰、更有条理。今天豆子决定和大家一起来制作如图1-52所示的文档排版。

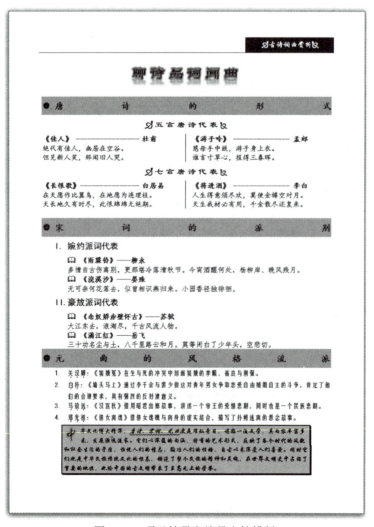

图1-52 项目符号和编号文档排版

 知识点

一、项目符号和编号

Word 2016提供项目符号和编号功能,这一功能使对文本的排序更加方便,文本条理也更加清晰。

设置项目符号和编号的方法:

选项卡方法——单击"开始"选项卡中"段落"选项组中的"☱·"/"☷·"按钮。

扫码观看视频

1. 项目符号

对于不要求顺序的文本可使用项目符号使文本更加美观。设置方法是首先选中要设置项目符号的文本,单击"开始"选项卡中"段落"选项组中的"☱·"右侧的"▼"按钮,会出现项目符号库的列表,如图1-53所示,选择要设置的项目符号即可。如果没有找到合适的项目符号,则单击"定义新项目符号"按钮,出现如图1-54所示的对话框,单击"符号"按钮,出现"符号"对话框,可选择适合的项目符号。

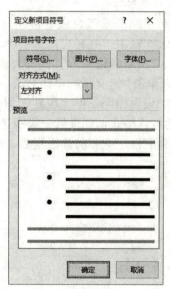

图1-53 项目符号库列表　　　　　图1-54 "定义新项目符号"对话框

2. 编号

对于要求顺序的文本可使用"编号"功能。设置的方法是首先选中要设置编号的文本,单击"开始"选项卡中"段落"选项组中"☷·"右侧的"▼"按钮,会出现编号库的列表,如图1-55所示,选择要设置的编号即可。如果没有找到合适的编号,则单击"定义新编号格式"按钮,出现如图1-56所示的对话框,可以在"定义新编号列表"对话框中选择合适的编号格式、编号样式、对齐方式等信息,设置后单击"确定"按钮即可。

扫码观看视频

图 1-55 编号库列表

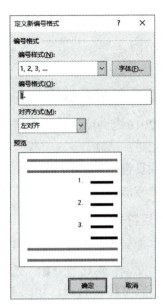

图 1-56 "定义新编号"对话框

3．多级列表

对于制作章节目录等可使用"多级列表"来设置。设置的方法是选中要设置多级符号的文本，单击"开始"选项卡中"段落"选项组中的" "右侧的" ▼ "按钮，会出现如图 1-57 所示多级列表样式列表框，选择需要的多级符号即可。如果没有找到合适的多级符号，则单击"定义新的多级列表"按钮，出现如图 1-58 所示的对话框，设置的方法基本与"编号"的设置相同，但"级别"项要分别设置，即设置完"级别 1"的各项格式再设置"级别2"的各项格式，如果后一级别想使用前几级别的编号，选择"包含的级别编号来自（D）"下拉列表框，选择前几级别后，再单击"确定"按钮即可。

图 1-57 多级列表样式列表框

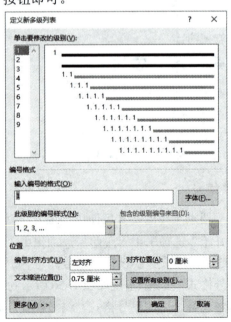

图 1-58 "定义新多级列表"对话框

> **注意：** 设置多级符号后，要降低或提高文本的符号级别，可单击段落功能区中的""（提高级别）或单击""（降低级别）按钮来实现。

二、制表位

Word 2016 对文档进行排版时，经常要用到文本的垂直对齐，如果手动调整效果不是很理想，可以使用制表位来实现。Word 2016 默认制表位的宽度是 2.02 字符，输入文本时按 <Tab> 键可以自动跳转至下一制表位，也可以使用以下方法来设置制表位：

扫码观看视频

设置制表位的方法：

1）快捷方法——使用水平标尺设置制表位。

2）选项卡方法——单击"开始"选项卡中"段落"右下角""按钮，再单击的"段落"对话框左下角的"![制表位(T)...]"按钮。

1. 使用水平标尺设置制表位

在水平标尺的最左端有一个制表符对齐方式按钮""，包括五种制表符：左对齐式制表符、右对齐式制表符、居中式制表符、小数点对齐式制表符和竖线对齐式制表符。该按钮单击可实现不同制表符之间的切换。

使用水平标尺设置制表位的方法是：单击制表符对齐方式按钮，直到出现需要的对齐方式制表位，移到光标到水平标尺上需要设置制表位的位置上并单击，在水平标尺上就可出现制表位，重复操作，可在水平标尺不同位置上设置多个不同的制表位，如图 1-59 所示。

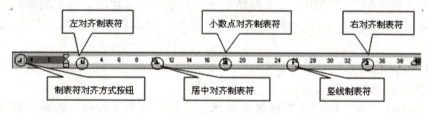

图 1-59 五种制表符

在水平标尺上设置好制表位后，输入文本时，按 <Tab> 键输入文本就可实现文本的垂直对齐，如图 1-60 所示。

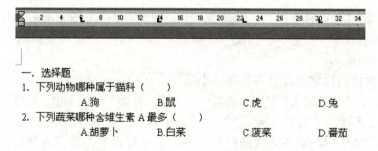

图 1-60 使用制表符对齐选择题答案

删除制表位的方法是首先选定设置了制表位的段落，再将制表符拖出水平标尺或拖至制表符对齐方式按钮处即可。

2. 选项卡方法设置制表位

用水平标尺设置制表位虽然快捷，但位置不够精确，此问题可以使用菜单方法解决。单击"开始"选项卡中"段落"选项组中右下角" "，再单击的段落对话框左下角的" 制表位(T)... "按钮，出现如图1-61所示的"制表位"对话框。在"制表位位置"文本框中输入制表位的位置；选择"对齐方式"单选框一种对齐方式；如果要设置前导符，可选择一种前导符，否则选择"前导符"单选框为"无"；单击"设置"按钮完成设置，新设置的制表位被添加到"制表位位置"文本框中，重复操作可以设置多个制表位，最后单击"确定"按钮完成。具体设置方法可参见下文的"操作步骤"中的第八步。

如果要删除菜单方法设置的制表位，则只要在图1-61所示的对话框中选中一个制表位，单击"清除"按钮；如果要删除所有的制表位，则只要单击"全部清除"按钮即可。

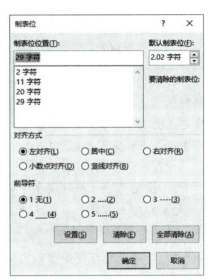

图1-61 "制表位"对话框

操作步骤

1）打开"Word学习\6"文件夹下文件"聊诗品词闻曲原稿.docx"，单击"文件→另存为"命令以"聊诗品词闻曲.docx"为文件名存于姓名文件夹下。

2）页面设置。A4，页边距：上2厘米、下2厘米、左2厘米、右2厘米。

3）设置页眉和页脚。插入"朴素型（奇数页）"样式页眉，并按照图1-52所示完成页眉的设置。

4）把整个标题设置为隶书、加粗、一号、褐色、字间距加宽10磅、居中对齐。其他艺术效果依照自己喜好任意设置。

5）将小标题"唐诗的形式"设置为楷体、三号、加粗、红色；段落底纹为：橙色，个性色6，淡色40%，段前间距0.5行，分散对齐，并在该标题前加上项目符号"❀"，如图1-52所示。同时将小标题"宋词的派别""元曲的风格流派"设置成与其相同的格式。（注意格式刷的使用）。

6）将小标题"五言唐诗代表"设置为隶书、四号、加粗、梅红色，居中对齐，并在该标题前后分别插入符号："ଧ"和"ଧ"，如图1-52所示。同时将小标题"七言唐诗代表"设置成与它相同的格式。

7）将4首唐诗的标题都设置为楷体、小四号、加粗、深黄色。

8）将光标设置在"《佳人》杜甫"段落中，单击"开始"选项卡中"段落"右下角" "，再单击的段落对话框左下角的" 制表位(T)... "按钮，出现如图1-61所示的"制表位"对话框。在制表位位置处输入14，对齐方式选择左对齐，前导符设置为第三种样式，单击"设置"按钮，再单击"确定"按钮完成唐诗标题的设置，其他三个唐诗标题设置成与其相同的格式。

9）将四首唐诗的正文都设置为楷体、小四号、淡紫色。

10）将四首唐诗的正文与各自的标题之间空出0.5行间距（段前间距0.5行），并设置分栏的效果，如图 1-52 所示。

11）选中"婉约派词代表"至"三十功名尘与土，八千里路云和月。莫等闲白了少年头，空悲切。"之间所有的文字，将行距设置为 1.5 倍。将副标题"婉约派词代表"设置为黑体、四号、深蓝色，并在该标题前加上编号："I．"（注意字体、字号、颜色、与主标题相对位置的设置）；同时将副标题"豪放派词代表"前加上编号"II．"（注意可使用格式刷）。

12）将四首词的标题与正文都设置为仿宋、小四、深蓝色，并将每首词的标题都加粗，在其前面加上项目符号"📖"，颜色为蓝色，注意各自之间的相对位置。

13）将"关汉卿：《窦娥冤》……"至"……描写了扑朔迷离的悬念故事。"之间的文字设置为方正姚体、五号、土黄色，段前、段后间距都为 0.5 行，并在每段前加上编号样式为"1．""2．""3．"等编号（注意字体、字号、颜色、与主标题相对位置的设置）。将每段开头的人名设为红色、加粗、加着重号。

14）将最后一段的字体设置为华文行楷、五号，其中"唐诗""宋词""元曲"设置为深蓝色、倾斜、加波浪下划线，整个段落左右各缩进 3 个字符，并加上 0.75 磅、深蓝色、阴影段落边框，添加淡蓝色段落底纹。段首的"中"做首字下沉的效果，字体为楷体，下沉 2 行，字体效果可自行设置。

15）打印预览并保存文件。

我来试一试

1）在个人姓名文件夹下建立文件"制表符练习.docx"，在"普通制表符"中作如下设置：在 1、10、20、30 字符处设置制表位，录入如下文样式的文档，第一行设为宋体，小四，加粗，倾斜，加下划线。全文加 10% 底纹，应用范围为文字。在"带前导符的制表符"中设置如下：制表符位置为 10 字符，前导符 3，并分两栏，无分隔线。

样文：制表符练习.docx
（1）普通制表符

姓名	字	号	生卒年份
李白	太白	青莲居士	701—762
杜甫	子美	少陵野老	712—770
白居易	乐天	香山居士	772—843

（2）带前导符的制表符

调查表：您的单位所属哪一行业？

生产企业 ……………………… ☐　　政府机关 ……………………… ☐
科研院所 ……………………… ☐　　保险金融 ……………………… ☐
工商户 ………………………… ☐　　学生
服务行业 ……………………… ☐　　电子及通讯 …………………… ☐
贸易 …………………………… ☐　　教师
教育培训 ……………………… ☐　　其他 …………………………… ☐

2）打开"Word 学习\6"文件夹下文件"项目符号.docx"，单击"文件→另存为"命令以

"项目符号和编号练习.docx"为文件名存于姓名文件夹下。设置"网上商店"为蓝色,加下划线,将全文复制4遍,按样文所示设置项目符号和编号,并分两栏。

样文:项目符号和编号练习.docx

(1)项目符号练习

网上商店经营的品种有:
◆ 计算机产品
◆ 旅游
◆ 书刊音像电子产品
◆ 消费性产品

网上商店经营的品种有:
☎ 计算机产品
☎ 旅游
☎ 书刊音像电子产品
☎ 消费性产品

(2)编号练习

网上商店经营的品种有:
1. 计算机产品
2. 旅游
3. 书刊音像电子产品
4. 消费性产品

网上商店经营的品种有:
壹. 计算机产品
贰. 旅游
叁. 书刊音像电子产品
肆. 消费性产品

 我来归纳

设置制表位时可以先选定要设置制表位的段落再设置制表位,也可以设置制表位后再录入文本。项目符号和编号与制表位知识点经常用于制作图书章节目录、考试试卷选择题答案、调查反馈表等。

 案例7 一枚印章——自选图形与艺术字

【教学指导】

通过制作"一枚印章"来学习自选图形、艺术字的设置方法,学会简单的图形制作与处理,培养创新能力。

第 1 篇　文字处理（Word 2016）

【学习指导】

 **任务**

豆子想制作一枚电子印章，她发现原来使用 Word 2016 就可以轻松实现，如图 1-62 所示。

图 1-62　电子印章制作效果图

 知识点

Word 2016 不仅能够对文档进行格式化处理，还提供了绘制图形、艺术字和文本框等工具，可以设计出了丰富多彩的图文混排效果，从本节起将学习图形处理的有关知识。

一、绘制图形

使用 Word 2016 绘制图形只要单击"插入"选项卡，在"插图"功能区即可找到需要插入的项目，如图 1-63 所示。

图 1-63　插图功能区

> **注意**：只有在页面视图下才可以显示所绘制图形。如果绘制的图形无法显示，请切换到页面视图模式下。另外，Word 2016 取消了插入了剪贴画功能，增加了插入"联机图片"功能，这使 Word 这款字处理软件更加网络化。

1. 绘制图形

利用"绘图"工具在文档中绘制图形的具体步骤：

1）在如图 1-63 所示的插图功能区中单击形状按钮，在扩展菜单中选择所需要的工具按钮，会发现鼠标指针变为"+"形状。

2）将鼠标指针移动到文档需要画图处，拖动鼠标可绘出相应的图形。

3）松开鼠标，绘图完成。

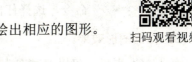
扫码观看视频

2. 编辑修改图形

1）选择图形。在对图形编辑修改之前，首先要选择图形。在 Word 2016 中，选择图形很简单，只要在图形对象上单击即可。

2）移动图形。选中图形对象后，图形周围出现八个小方框，称为句柄，如图 1-64 所示，移动鼠标指向该图形，当指针出现"✥"形状时，拖动鼠标移动图形到目的位置，松开鼠标，

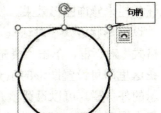

图 1-64　图形的句柄

41

即可完成图形移动。

3）调整图形大小。选中图形对象后，移动鼠标指向该图形，指针出现"↕、↔、↘、↗"形状时，用鼠标拖动句柄就可以改变图形的大小。也可以选中图形后，单击鼠标右键出现如图1-65所示的菜单，选择弹出菜单中"其他布局选项（L）"命令，选择"大小"选项卡，出现如图1-66所示的对话框，即可以精确的设置大小及旋转角度，取消"锁定纵横比"还可以随意设置图片大小。

图1-65　右击图形出现的菜单　　　　图1-66　"大小"选项卡

4）图形的删除和旋转翻转。要删除图形很简单，只要选中图形对象后，按<Delete>键即可；要旋转图形，只要选中图形对象后，将鼠标指针移至图形的"◎"旋转句柄处，拖动旋转即可；要直接翻转图形，只要单击图形对象，再单击"绘图工具格式"选项组中"排列"中的"旋转▼"命令，选择任何一种旋转方式就可实现图形的旋转和翻转。

3. 修饰图形效果

绘制好图形后，可以通过双击图形对象进入绘图工具格式选项卡或者"设置形状格式"任务栏来修饰图形效果，使图形更加美观。选中图形右击，选择"设置形状格式"项，出现"设置形状格式"对话框，单击"填充与线条"选项卡，出现如图1-67所示的"设置形状格式"对话框，单击"填充"或"线条"选项可以出现如图1-68和图1-69所示的扩展选项，在这里即可设置图形的填充样式和边框的线条样式。单击"效果"选项卡出现如图1-70所示的任务栏，可以设置填充图形的阴影、映像、发光、柔和边缘、三维格式、三维旋转等；双击图形对象，可以激活"绘图工具格式"选项卡，如图1-71所示，在此选项卡的功能区中同样可以对上述参数进行设置，美化图片。

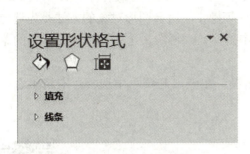

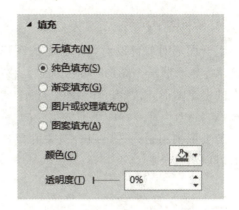

图 1-67　设置形状格式填充与线条　　　　图 1-68　填充扩展选项

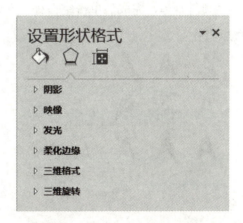

图 1-69　线条扩展选项　　　　图 1-70　设置形状格式效果选项卡

图 1-71　图片工具格式选项卡

4．在图形对象上添加文字

在图形对象上添加文字，要先选中图形对象并单击鼠标右键在图 1-65 所示的菜单上单击"添加文字"命令，即可在图形对象上添加文字，添加后可依照文本方法设置文字格式。

5．组合图形对象

组合图形对象可以对几个独立的图形组合成一个图形，如印章制作中就是将自选图形和艺术字组合成一个图形，便于选定、移动、修改等操作。组合图形对象的方法是先选定要组合的多个图形（按<Shift>键或<Ctrl>键加单击鼠标），再右击选中图形，在弹出的菜单中选择"组合"命令，即可完成组合。

若要取消组合，选定组合对象并单击鼠标右键，在弹出的菜单中选择"取消组合"命令即可取消组合。

二、插入艺术字

"艺术字"是 Word 2016 提供的一种图片类文字格式，在文档中插入艺术字，可以使文字具有特殊的视觉效果，使文档更加美观大方。

扫码观看视频

1．插入艺术字的方法

单击"插入"选项卡中"文本"选项组中的"艺术字"按钮会出现如图 1-72 所示的"艺术字"库列表，在其中选择一种艺术字式样，在插入点处即可出现如图 1-73 所示的"文本编辑框"，在文本编辑框中输入要编辑的艺术字，可以同时设置"字体""字号""加粗""倾斜"等，完成后单击空白处，艺术字就出现在文档中。

图 1-72　艺术字库列表

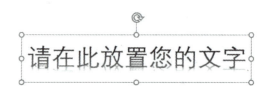

图 1-73　艺术字文本编辑框

2．编辑修改艺术字

编辑修改艺术字前，也要先选中艺术字。单击艺术字后，激活"绘图工具格式"选项卡，如图 1-71 所示，可以使用功能区中的选项来设置艺术字的样式、形状样式、环绕方式、旋转、对齐方式、文字方向等。需要指出的是，单击"绘图工具格式"选项卡中"艺术字样式"选项组中的"文本效果"下拉选项中"转换"按钮，出现如图 1-74 所示的艺术字形状列表，单击其中的一种，可以改变艺术字的形状。改变前后的效果对比如图 1-75 所示。

除了使用"绘图工具格式"选项卡编辑修改艺术字外，还可以使用右击快捷菜单的方法来编辑修改艺术字。方法是选中艺术字后，右击选择"设置形状格式"，同样可以编辑修改艺术字，方法同修改图形方法相同。

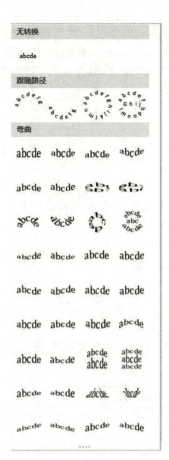

图1-74　艺术字形状列表　　　　　图1-75　改变艺术字形状

操作步骤

1）绘制正圆。单击"插入"选项卡中"插图"选项组中的"形状"按钮,选择"基本形状"中的"椭圆"。按住<Shift>键在文档中绘出一个正圆,选中正圆,右击选择"设置形状格式",选择"填充"颜色为"无填充色","线条"颜色为红色,"线型"为复合类型第3种,粗细4.5磅。选中正圆,右击选择"其他布局选项",选择大小选项卡,设置高和宽均为4.5厘米,单击"确定"按钮。再次选中正圆,右击,选择"置于底层"。

2）插入艺术字。单击"插入"选项卡中"文本"选项组中的"艺术字"按钮,选择任意艺术字样式,输入文字内容"好好学习　天天向上",设置字体"楷体",字号32或其他。选定艺术字,改变艺术字形状为"上弯弧形",并放在已经画好的圆内,可以用<Ctrl>键和方向键帮助移动到准确的位置。选中艺术字,右击选择"设置形状格式",选择"填充"颜色为"红色","线条"颜色为"红色"。

3）插入五角星。单击"插入"选项卡中"插图"选项组中的"形状"按钮,选择"星与旗帜"中的"五角星",按住<Shift>键在文档中画出一个大小适合的正五角星,选中五角星,右击选择"设置形状格式",选择"填充"颜色为"红色","线条"颜色为红色。设置高和宽均为1.4厘米。再次选中五角星，将它移动到圆中的合适位置，同样可以使用<Ctrl>键微调。

4）组合：按住<Ctrl>键选择所有的公章中的自选图形和艺术字，右击选中图形对象，在弹出菜单中选择"组合"命令，这样所有的自选图形和艺术字都被组合成一个整体对象，一枚电子印章制作完成。

5）保存文件。

我来试一试

1）使用艺术字制作如图1-76所示的"水中倒影"文字效果。艺术字格式：1行5列式样，隶书，40号；映像类型：全映像，接触。

图1-76 "水中倒影"文字效果

2）使用自选图形中的"流程图"制作如图1-77所示的"船舶实时监控处理流程图"。

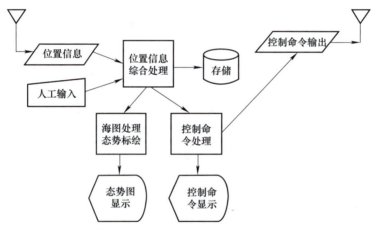

图1-77 船舶实时监控处理流程

3）使用艺术字与自选图形制作如图1-78所示的"扇面书签"。

提示：选择"基本形状"中"空心弧"来完成"扇面"的制作，艺术字设置阴影。

4）使用艺术字（第一行第一列，华文行楷，48号）与自选图形（菱形）制作如图1-79所示的"福"字，并组合。

图1-78 扇面书签制作效果图　　　　　图1-79 "福"字制作效果

我来归纳

自选图形或艺术字叠加后它们的层次会影响显示效果,层次的产生与绘制时的先后顺序有关,可以右击选择"叠放次序"命令来改变自选图形或艺术字的层次。

送给同学的圣诞礼物——图文处理

【教学指导】

通过制作圣诞贺卡来学习绘文本框、插入图片、编辑图片的方法,达到绘熟练制作贺卡、请柬、名片等 Word 图文文档的目的。

【学习指导】

再过几天就是圣诞节了,看着网上千篇一律的贺卡,豆子觉得实在是没有个性。不如自己动手制作一个独具特色的贺卡送给同学,独一无二的设计一定会让他们对豆子刮目相看的。贺卡制作效果如图 1-80 所示。

图 1-80 贺卡制作效果图

一、插入图片

Word 2016 提供了插入图片的功能,可以在必应图像搜索中搜索所需图片或其他文件夹中的本机图片插入到文档中。

扫码观看视频

47

1. 插入联机图片

Word 2016 和以前版本的 Word 相比，取消了插入剪贴画的功能，用联机图片取而代之，其功能更加网络化。

插入联机图片的方法：

选项卡方法——单击"插入"选项卡中"插图"选项组中的"联机图片"按钮。

插入联机图片的步骤：以插入圣诞类图片为例。

1）将插入点置于文档中要插入联机图片的位置。

2）单击"插入"选项卡中"插图"选项组中的"联机图片"按钮。出现如图 1-81 所示的插入联机图片对话框。

图 1-81　插入剪贴画对话框

3）在必应图像搜索的搜索栏中输入"圣诞"类别并单击搜索栏右侧的"🔍"按钮或直接按 <Enter> 键，窗口中显示出该类别所包含的所有图片，单击第一幅图片，下方会显示相应的图片信息，如图 1-82 所示。

4）单击"插入"按钮，将"圣诞"图片插入到文档中。

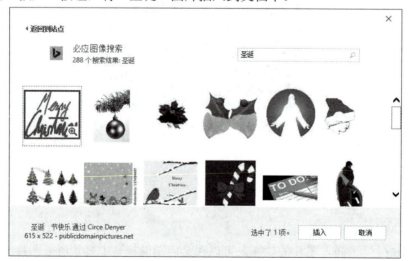

图 1-82　显示某个类别的对话框

2. 插入来自文件的图片

插入图片文件的方法：

选项卡方法——单击"插入"选项卡中"插图"选项组中"图片"按钮。

插入图片文件的步骤：插入图片文件的步骤与插入联机图片的步骤基本相同，首先将插入点置于文档中要插入图片的位置，再单击"插入"选项卡中"插图"选项组中"图片"按钮，出现如图1-83所示的对话框。在"组织"列表框中选择图片文件所在文件夹，在文件列表框中单击要插入的文件，单击"插入"按钮，选中的图片将被插入到文档中光标所在的位置。在"贺卡"中圣诞树和樱桃的图片就是这样被插入到文档中的。

图1-83 "插入图片"对话框

3. 设置图片格式及编辑修改图片

图片或联机图片被插入到文档中后，用户可以根据需要来设置图片的格式并编辑、修改图片。

扫码观看视频

1）"图片工具格式"选项卡。单击已经插入的图片或者是联机图片，会激活"图片工具格式"选项卡，如图1-84所示，可以通过选项卡功能区来设置图片格式及编辑修改图片。

图1-84 图片工具格式选项卡

2）"设置图片格式"对话框。选中图片后右击图片，选择"设置图片格式"命令，就会出现如图1-85所示的"设置图片格式"对话框，可以对图片的填充、线条、阴影、映像、发光、柔化边缘、三维格式、三维旋转、艺术效果等进行设置，以达到美化图片的效果。

 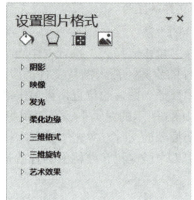

图 1-85　设置图片格式对话框

3）鼠标快捷移动、缩放图片：有时对图片的缩放不需要十分精确，这时可以使用鼠标实现对图片的快捷操作。单击选中图片后，当鼠标指针出现"✥"形状时，可以拖动图片到合适位置；单击选中图片后，当鼠标指针出现"↕、↔、↘、↗"形状时，可以拖动鼠标对图片进行缩放，前两种鼠标形状为对图片的长宽缩放，后两种指针形状为对图片的等比例缩放。

二、文本框

在图文混排的文档中，有时往往需要将文本对象置于页面的任意位置，或在一篇文档中使用两种文字方向，这可以利用 Word 2016 提供的插入"文本框"的功能来实现。

扫码观看视频

1. 在文档中插入文本框的方法

选项卡方法——单击"插入"选项卡中"文本"选项组中"文本框"下拉列表中的"横排"或"竖排"按钮。

2. 在文档中插入文本框的步骤

1）单击"插入"选项卡中"文本"选项组中"文本框"下拉列表中的"横排"或"竖排"按钮。

2）移动"十"字光标至文档要插入文本框的位置，拖动鼠标绘制矩形框，当矩形框大小合适时，松开鼠标左键。

3）将光标至于文本框中，即可在文本框中输入文字，横排文本框中文字方向横排，竖排文本框中文字方向竖排，如图 1-86 所示。

图 1-86　文本框中文字方向示例

3. 调整文本框的大小

以下两种方法都可调整文本框的大小。

1）调整文本框的大小与图片调整大小相同，选中文本框后，移鼠标指针至文本框句柄处，当鼠标指针出现"↕、↔、↘、↗"形状时，可以拖动鼠标对文本框大小进行调整。

2）选中文本框后，单击文本框，在激活的"文本框工具"选项卡的大小功能区，可以精确的设置文本框的高度和宽度。

4. 设置文本框的格式

有时在文本中插入文本框后，往往不需要显示出文本框的边框而需要对文本框添充颜色等，设置方法与对图片格式的设置方法相同，选中文本框后，单击文本框，在激活的"文本框工具"选项卡中的功能区可以设置文本框的填充、线条颜色、线型、阴影、映像、发光和柔化边缘、三维格式、三维旋转、文本框等的设置。或单击鼠标右键在弹出的快捷菜单中选择"设置形状格式"，出现如图 1-87 所示的"设置形状格式"任务栏，也可以对上述功能进行设置。

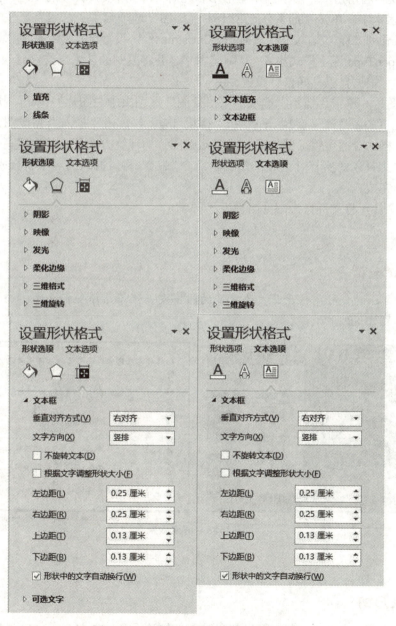

图 1-87 文本框的设置形状格式任务栏

操作步骤

1）定义纸型。启动 Word 后，单击"布局"选项卡中"页面设置"选项组中"纸张大小"按钮，定义贺卡的大小：自定义大小，宽 15cm 高 15cm。

2）插入圆角矩形。单击"插入"选项卡中"插图"选项组中"形状"下拉列表中的"矩形"中的"圆角矩形"按钮，设置圆角矩形形状填充为无色，形状轮廓为 3 磅实线、大小为长宽均 14 厘米；复制圆角矩形，修改圆角矩形形状轮廓为 3 磅短划线、大小为长宽均 13.5 厘米。

3）插入艺术字。单击"插入"选项卡中"插图"选项组中"艺术字"按钮，选择艺术字为第一行第五列式样，输入文字"Merry Christmas"，设置艺术字字体为"Gabriola"型，字号为 65，OpenType 连字样式集 6；复制艺术字，并将复制的艺术字文字修改为"To："。其他字体设置可根据自己喜好自行设置。

4）插入图片。单击"插入"选项卡中"插图"选项组中"图片"按钮，找到"Word 学习 \8"文件夹下的图片"圣诞树 .jpg"和"樱桃 .jpg"，单击"插入"完成图片的插入。调整图片移至文档的合适位置。图片插入后要修改图片的环绕方式及叠放次序。

5）选择以上插入的所有对象，右键选择"组合"命令，将所插入的对象组合成为一个整体，圣诞贺卡制作完成。

6）保存文件，将文件作为邮件附件发给同学。

 我来试一试

5 年后，自己的公司即将开业，给昔日的同窗发一张请柬请他们来参加公司的开业庆典吧，效果图如图 1-88 所示。

图 1-88　请柬效果

 我来归纳

图片、艺术字、文本框、自选图形都是图文混排的重要组成部分，综合运用这些知识点，可以制作出如贺卡、请柬、名片、光盘封面、杂志封面等具有实用价值的文档。

案例 9　唐诗欣赏——插入脚注、尾注、批注

【教学指导】

通过制作"唐诗欣赏"来学习在文档中添加脚注、尾注、批注的方法，练习文档的图文混排，达到可对书刊图文排版的要求。

【学习指导】

任务

语文老师要做一堂"唐诗欣赏"的公开课，其中制作精美幻灯片的任务就落在了 Word 高手豆子身上了，请看豆子制作的"唐诗欣赏"文档，如图 1-89 所示。

图 1-89　唐诗欣赏制作效果图

知识点

一、插入批注

平时我们将文件交给他人审阅时，他人常将审阅意见标注在书的空白处，Word 2016 也提供了类似的功能，即插入批注功能。

扫码观看视频

1. 在文档中添加批注的方法

选项卡方法——单击"审阅"选项卡中"批注"选项组中的"新建批注"或"插入"选项卡中"批注"选项组中"批注"按钮。

2. 在文档中添加批注的步骤

1）选定要添加批注的文字，如果是单字或单词可将光标置于要添加批注的字或词后。

2）单击"审阅"选项卡中"批注"选项组中的"新建批注"或"插入"选项卡中"批注"选项组中"批注"按钮。出现如图 1-90 所示的批注插入区。

图 1-90　批注插入区

3）在批注输入区中输入批注文字。输入方法与普通文本的输入方法相同，如图 1-91 所示。

图 1-91　在批注区中输入批注

4）单击文本输入区任意空白处，返回到文本输入区，添加批注完成。

3. 显示批注

在文本中，添加了批注的文本默认以红色底纹显示，要显示批注的内容，只要将鼠标指针移至添加了批注的文本上，即可出现批注的文本框，如图 1-92 所示。

图 1-92　显示批注

> 注意：批注的内容只是在页面中显示，在打印时不被打印输出。

4. 编辑批注

要编辑修改批注，有两种方法可以实现：①移动光标至添加了批注的文本后，右键选择"编辑批注"命令。②在批注输入区，可以直接选择需要编辑修改的批注进行编辑与修改。

5. 删除批注

移光标至添加了批注的文本后，右键选择"删除批注"命令，所添加的批注即被删除。

二、插入脚注和尾注

Word 2016 提供插入脚注和尾注功能,如图 1-89 中对作者李绅的注释就是插入了尾注。脚注和尾注的使用方法基本相同,不同的是脚注通常的注释的位置在页面的底端,尾注通常注释的位置在文本的结尾。

扫码观看视频

1. 在文档中插入脚注和尾注的方法

1)选项卡方法——单击"引用"选项卡中"脚注"选项组中的"插入脚注"或"插入尾注"。

2)快捷键方法——插入脚注快捷键:按 <Alt+Ctrl+F> 组合键;插入尾注快捷键:按 <Alt+Ctrl+D> 组合键。

2. 在文档中插入脚注和尾注的步骤

1)移光标至要添加脚注和尾注的文字后。

2)单击"引用"选项卡中"脚注"选项组右下角" "按钮,出现如图 1-93 所示的"脚注和尾注"对话框。先选择"脚注"或"尾注"单选按钮;再选择"编号格式",最后单击"插入"按钮。

3)在文本的脚注或尾注输入区(即注释窗格)中输入脚注或尾注的文字,输入方法与普通文本的输入方法相同。

4)完成插入脚注或尾注的操作,返回到文本输入区。

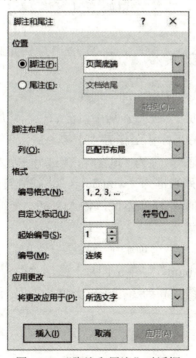

图 1-93 "脚注和尾注"对话框

3. 设置脚注和尾注

Word 2016 可以对插入的脚注和尾注指定出现位置、设置编号方式和自定义标记等。
在图 1-93 中"编号格式"功能区中可以指定插入的脚注或尾注的标记。如选择"连续",

添加脚注和尾注时自动顺序加数字编号。如选择"自定义标记"单选框,可以在文本框中输入各种符号标记,也可单击"符号"按钮,出现"插入符号"对话框,选择插入脚注或尾注的标记符号。

4. 删除脚注和尾注

要删除脚注和尾注,只要在文本中选择脚注和尾注的注释引用标记,按 <Delete> 键将其删除,则其相应的脚注和尾注也同时被删除。如在样文中要删除"李绅"的尾注,只要选择作者"李绅"旁边的"✍"符号,按 <Delete> 键即可。

操作步骤

1)设置页面:设置纸张大小为自定义型(宽 17.6 厘米,高 21 厘米),设置页边距,上、下边距各 2.64 厘米,左、右边距各 3.42 厘米。

2)设置页面边框:单击"设计"选项卡中"页面背景"选项组中"页面边框"按钮,设置页面边框为艺术型边框""。

3)设置页眉:单击"插入"选项卡中"页眉和页脚"选项组中"页眉"下拉选项的"编辑页眉"按钮,输入页眉"唐诗欣赏"。

4)设置艺术字:"悯农",艺术字式样,第 1 行第 2 列;字体,隶书;艺术字形状,自选;文字效果自选。

5)输入文本框:插入文本框,输入文字"诗二首",并调整文本框至合适位置。

6)输入作者和正文。

7)设置作者"李绅"格式为居中,加下划线。

8)设置正文文本格式为幼圆,三号,居中,分二栏,并加分隔线。

9)设置批注(尾注),将光标移至作者"李绅"后,单击"引用"选项卡中"脚注"右下角的"⌐"按钮,选择"插入"项为"尾注","编号方式"为"自定义编记",单击"符号"按钮,选择"字体"下拉列表框为"wingdings",找到符号"✍",单击"确定"按钮,再单击"插入"按钮,进入编辑尾注文本区,输入文字"李绅(772-846),字公垂,泣州无锡(今江苏无锡)人,唐代诗人。"

10)插入图片:单击"插入"选项卡中"插图"选项组中"图片"按钮,插入"Word 学习\9"文件夹下的图片"90.bmp",单击图片,激活"图片工具格式"选项卡,设置"环绕方式"为"四周型",设置图片高为 3.73 厘米,宽为 5 厘米。调整图片至文档合适位置。

11)保存文件。

我来试一试

使用"Word 学习\9"文件夹下的图片素材和文字素材,制作完成如下图 1-94 所示的 4 页"唐宋诗词欣赏"效果图。

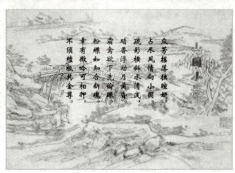 

图 1-94　唐宋诗词欣赏效果图

我来归纳

脚注和尾注主要用于在文档中为文本提供解释、批示以及注释相关的参考资料。如果要删除脚注或尾注，则应删除文档窗口中的注释引用标记，而非注释窗格中的文字。

案例 10　欢庆元旦——图文混排综合练习

【教学指导】

通过制作"欢庆元旦"板报来复习巩固图文混排的格式与技巧，达到可以熟练进行书刊报纸排版的要求。

【学习指导】

任务

新的一年即将到来，豆子也接到一项"光荣"的任务，出一期欢庆元旦的板报，这可是要放在学校的宣传窗里的呀，真感谢 Word 2016 让豆子有了这么一个表现的机会。元旦板报制作效果如图 1-95 所示。

图 1-95　元旦板报制作效果图

知识点及操作步骤

1）启动 Word 应用程序，单击"文件"→"新建"命令，创建一篇 Word 文档。单击"文件"→"保存"，以文件名"板报.docx"存于个人姓名文件夹下。

2）调入文件：打开"WORD 学习\10"文件夹下文件"元旦贺词.docx"及"元旦来历.docx"，分别选中两篇文件全文，复制内容，返回到文件"板报.docx"，单击"开始"选项卡中"剪贴板"选项组中"粘贴"按钮，将两文件复制到新文件中（也可利用快捷键或右键操作）。

3）页面设置：单击"布局"选项卡中"页面设置"选项组中的"纸张大小"和"纸张方向"，设置纸型为 B4，横向。

4）设置字体和段落：选中正文第一、二、三段，设置字体为华文行楷，三号。选中正文第四、五段，设置字体为宋体，三号。选中全文，设置全文首行缩进 2 个字符。

5）设置分栏：选中全文，单击"布局"选项卡中"页面设置"选项组中的"分栏"按钮，将全文分为两栏，不加分隔线。

6）设置艺术字：单击"插入"选项卡中"文本"选项组中的"艺术字"按钮，艺术字式样，第 1 行第 1 列；输入文字"元旦贺词"，字体为华文新魏，44 号，加粗，文本填充，渐变型，其他渐变（自定义即可），无文本轮廓，文本效果，转换，倒 V 形（其他文本效果可以根据自己喜好自定义),环绕文字,嵌入型,并调整艺术字至合适位置;再次单击"插入"选项卡中"文本"选项组中的"艺术字"按钮,艺术字式样,第3行第4列;输入文字"元旦的来历",字体为隶书;36号,文本填充,渐变型,其他渐变(自定义即可),无文本轮廓,文本效果,转换,波形2,调整艺术字至文末。

7)插入项目符号:选中正文前三段,单击"开始"选项卡中"段落"选项组中"项目符号"下拉列表,选择"定义新项目符号",在弹出的"定义新项目符号"对话框中单击"符号"按钮,定义"wingdings"字体中的符号"✈",单击字体按钮,在弹出的对话框中设置字体颜色为红色。段落缩进0.75厘米。

8)插入图片:单击"插入"选项卡中"插图"选项组中"图片"按钮,插入"Word学习\10"文件夹下文件"101.BMP",选中图片,双击设置图片格式,大小设置为高6.2厘米,宽8.92厘米,环绕方式为四周型。调整图片至文档合适位置。

9)首字下沉:将光标移至第四段,单击"插入"选项卡中"文本"选项组中"首字下沉"按钮,设置下沉行数2行,字体方正舒体,颜色为红色。

10)设置边框和底纹:选中第四段,单击"开始"选项卡中"段落"选项组中"边框和底纹"按钮,选择"底纹"选项卡,设置底纹为茶色,应用范围为段落;选择"页面边框"选项卡,设置页面边框为艺术型边框"🎆🎆🎆🎆🎆"。

11)插入文本框:单击"插入"选项卡中"文本"选项组中"文本框"下拉列表中的"绘制竖排文本框"按钮,在文档上绘制一个竖排文本框,输入文字"迎春",设置字体格式为华文行楷,74号,居中对齐,字体颜色浅桔黄;双击文本框,设置文本框格式,高8.8厘米,宽3.8厘米,四周型环绕,填充效果为图案中的"横向砖型",前景色为自定义颜色(参考色浅粉色或玫瑰红),无线条颜色。调整文本框至合适位置。

12)插入自选图形:单击"插入"选项卡中"插图"选项组中"形状"选择"标注"中的"云形标注",在文档中绘制一个标注图形,设置自选图形的叠放次序为"置于底层",并垂直翻转自选图形,调整图形至合适大小,移图形到文末艺术字的位置,组合自选图形与艺术字。

13)添加边框:在文末添加适当回车符,选中四段以后的文本,单击"开始"选项卡中"段落"选项组中"边框和底纹"按钮,选择"边框"选项卡,设置边框为"方框"型,线型第五种。

14)插入页脚:单击"插入"选项卡中"页眉和页脚"选项组中的"页脚"按钮,在页脚项中输入文字"制作:06中专一班团支部",宋体四号,居右对齐。

15)板报制作完成,保存文件。

我来试一试

一、图文混排练习

1)打开"Word学习\10"文件夹下文件"送一轮明月.docx",使用"另存为"以文件名"明月.docx"存于个人姓名文件夹下,并按样文设置文档格式,如图1-96所示。

2)页面设置:将页面纸型设为A4纸,上下左右边距各设为3厘米。

3)页眉:设置页眉"散文欣赏 送一轮明月"并设置成如样文格式。

4)艺术字:将标题"送一轮明月"设为艺术字第2行第3列的样式,隶书、36号,填充线条为“无线条色”，文本填充，渐变型，其他渐变（根据样文自定义即可）。

5）自选图形：插入自选图形“新月形”，调整至合适大小，并自行设置填充颜色。

6）字体：作者居中，将全文头两段的字体设为楷体、阴影、青色、字号小四号；第三段设为隶书，加粗，蓝色，字号为四号。

7）段落：全文各段首行缩进两字，第一段设首字下沉，下沉两行；并将头两段分为两栏，不加分隔线。

8）插入图片：在文章当中插入联机图片（book）设置高度为2.52厘米，宽度为2.88厘米，环绕方式为四周型，居中。

9）批注和尾注：为作者“林清玄”设置尾注，自定义标记“♣”，录入文字：“选自《林清玄文集》”。设置格式为宋体小四；为最后一句话中的“明月”添加批注“寓意深刻”。

样文：明月.docx

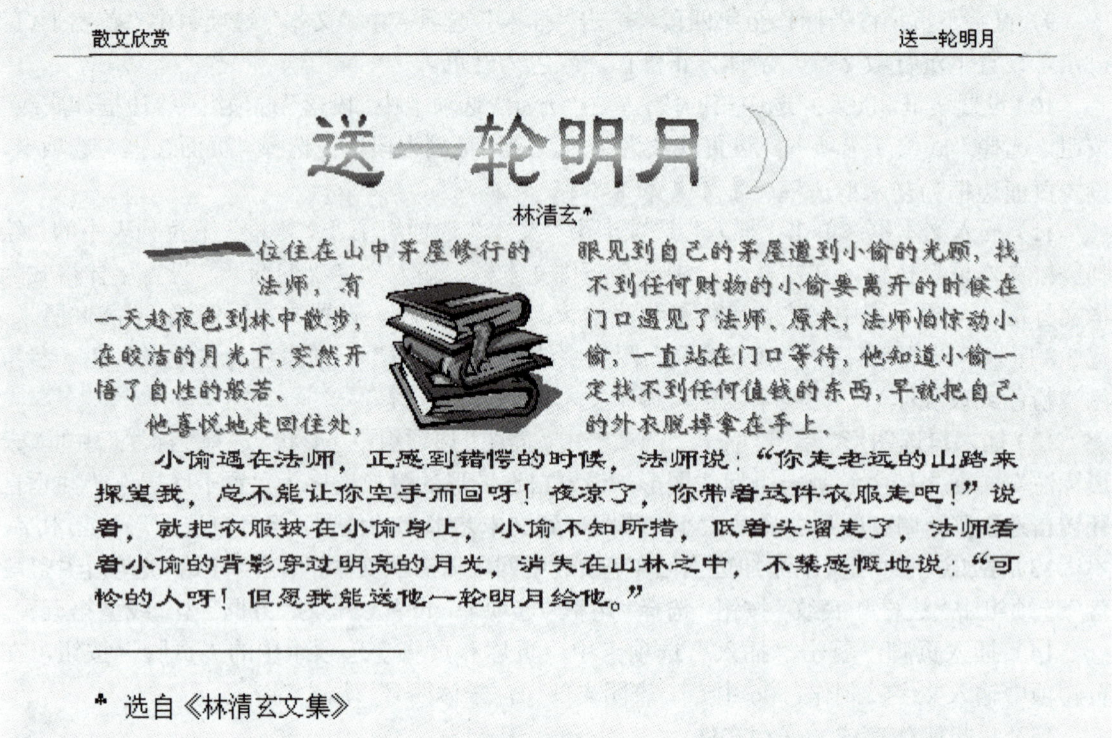
散文欣赏　　送一轮明月

送一轮明月

林清玄♣

一位住在山中茅屋修行的法师，有一天趁夜色到林中散步，在皎洁的月光下，突然开悟了自性的般若。

他喜悦地走回住处，眼见到自己的茅屋遭到小偷的光顾，找不到任何财物的小偷要离开的时候在门口遇见了法师。原来，法师怕惊动小偷，一直站在门口等待，他知道小偷一定找不到任何值钱的东西，早就把自己的外衣脱掉拿在手上。

小偷遇在法师，正感到错愕的时候，法师说：“你走老远的山路来探望我，总不能让你空手而回呀！夜凉了，你带着这件衣服走吧！”说着，就把衣服披在小偷身上，小偷不知所措，低着头溜走了。法师看着小偷的背影穿过明亮的月光，消失在山林之中，不禁感慨地说：“可怜的人呀！但愿我能送他一轮明月给他。”

♣ 选自《林清玄文集》

图1-96 “明月”样文

二、创意广告制作

以环保、奥运、产品等为主题，自由创意制作一幅广告宣传海报。

我来归纳

图文混排时，一般按照先文字排版再插入图形、图片的顺序进行。对于插入的文本框要注意设置其填充色及边框线的颜色；对于图形、图片对象要注意环绕方式的设置。

充分并熟练地使用图文混排的有关知识点，可以实现书刊报纸的快速排版，并可以制作出广告、板报、产品宣传画等形式多样Word文档。

案例11 制作求职履历表——表格制作

【教学指导】

通过制作"求职履历表"来学习表格的基本操作,达到可以独立制作普通表格的要求。

【学习指导】

任务

今日豆子随学长去了人流如潮的招聘会,提前体验了毕业应聘,看见应聘者手中各种各样的求职履历表,豆子手痒,赶紧制作了一个,以备不时之需。效果图如图1-97所示。

求职履历表

应征职位		希望待遇			贴照片处
一、个人资料					
姓名		性别		出生年月	
政治面貌		民族		职称	
籍贯		身高		体重	
婚姻状况	□未婚 □已婚	驾照种类		□大客车 □大货车 □小客车	
家庭详细住址					
联系电话		E-mail			
紧急联络人		联络人电话			
二、教育程度					
等别	学校名称及专业		起止时间	地点及证明人	
初中					
高中、中专					
大学					
其他					
三、工作经验					
公司	部门	职务	薪资(月)	起止时间	
四、专业训练或特长(特别资格或通过考试)					
五、社团活动					
名称	职务	时间	名称	职务	时间
六、自传(如学习经验、社团经验、工作观、自我期许等)					

图1-97 求职履历表制作效果图

知识点

Word 2016具有很强的表格处理能力,可以方便地创建各种表格、对表格进行编辑、调整,以及对表格中的数据进行计算和排序等。

一、创建表格

以下四种方法均可创建表格。

1．快速创建方法

步骤如下:

1)将插入点光标移至要插入表格的位置。

2)单击"插入"选项卡中"表格"选项组中的"表格",出现插入表格示例框,如图1-98所示。

3)在插入表格示例框中移动鼠标,直至出现所需要的表格行列数,如图1-99所示,单击鼠标左键,则在插入点位置创建一个相应行列数的规范表格,如图1-100所示。

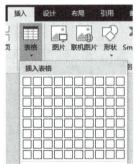
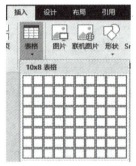

图1-98 插入表格示例框　　图1-99 选择表格行列示例框

	列1	列2	列3	列4
行1				
行2				
行3				
行4				

图1-100 插入4行4列的规范表格

> **注意:** 用这种方法创建表格,初始最多可以创建8行10列表格。

2．创建更多单元格的表格

步骤如下:

1)将插入点光标置于要插入表格的位置。

2)单击"插入"选项卡中"表格"选项组中的"表格"下拉列表框中的"插入表格"按钮,出现如图1-101所示"插入表格"对话框,在"列数"和"行数"文本框中选择或输入表格的列数和行数,在"自动调整"区中选择一个单选框。

① 固定列宽:设置表格列宽为固定值,可在后面的列表框中指定列宽值,选择系统默认的"自动",则用表格列数均分页宽。

② 根据窗口调整表格:表格宽度与页宽相同。与"固定列宽"选择"自动"项效果相同。

③ 根据内容调整表格:列宽随表格中内容的多少而变化。

3）单击"确定"按钮，完成表格插入。

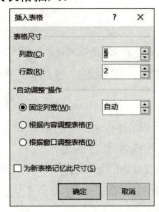

图 1-101 "插入表格"对话框

3. 自由创建表格

如果创建的表格不是很规则的话，则用"绘制表格"来自由创建表格比较方便，步骤如下：

1）单击"插入"选项卡中"表格"选项组中"表格"下拉列表中的"绘制表格"按钮，鼠标指针成为笔形。

2）拖动鼠标在文档中绘制表格的外框线后，松开鼠标。

3）再次拖动鼠标在文档中绘制表格的横线、竖线及斜线。

4）单击任意空白处完成绘制表格。

4. 将文字转换成表格

Word 2016 提供将文字转换成表格功能，但文字必须具备下列条件：每一行之间用回车符分开；每一列之间用分隔符（空格、西文逗号、制表符等）分开。将文字转换成表格的步骤如下。

1）在要转换的文字中加入分隔符。

2）选择要转换成表格的所有文本。

3）单击"插入"选项卡中"表格"选项组中"表格"下拉列表中的"文本转换成表格"按钮，出现如图 1-102 所示的对话框，可重新输入或选择表格的列数，选择文字分隔符的位置，单击"确定"按钮。转换前后效果如图 1-103 所示。

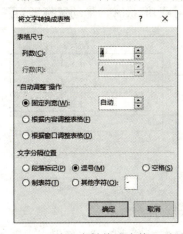

图 1-102 "将文字转换成表格"对话框   图 1-103 文字转换成表格效果图

二、编辑表格

1．在表格中输入文本

表格中的每一格称为单元格。要在单元格中输入文本,只要单击某一单元格,将光标置于单元格中,即可完成文本的输入,如输入内容过多,单元格的高度会自动调整。

2．选取表格

与普通文本操作一样,对表格操作前,必须选取表格。

1）选项卡方法选取表格:使用选项卡方法选取表格,首先将光标置于要选取的某一单元格中,单击"表格工具布局"选项卡中"表"选项组中的"选择"按钮,可以选取整个表格、光标所在的一行、光标所在的一列或光标所在的单元格。

扫码观看视频

2）鼠标快捷方法选取表格:使用鼠标选取表格的常用方法见表 1-8。

表 1-8　鼠标选取表格的常用方法

选 定 范 围	说　　明
选定一个单元格	移动鼠标指针到该单元格左边,当指针变为向右上方的黑色实心箭头时,单击选取
选定多个单元格	移动鼠标指针到第一个单元格,拖动至最后一个单元格处选取。或单击第一个单元格,按住 <Shift> 键单击最后一个单元格选取矩形区域
选定一行表格	移动鼠标指针到该行左端外侧,当指针变为向右上方的白色空心箭头时,单击选取
选定一列表格	移动鼠标指针到该列顶部表格线上,当指针变为向下的黑色实心箭头时,单击选取
选定多行多列表格	移动鼠标指针到该起始行左端外侧,当指针变为空心右向箭头时,拖动选定多行;移动鼠标指针到该列顶部表格线上,当指针变为向下的实心箭头时,拖动选定多列
选定整个表格	鼠标指针到表格内,当表格左上角出现表格移动手柄"⊞"时,单击"⊞"选定整个表格

三、表格的调整与修改

插入的规范表格往往要经过调整与修改才能满足实际应用的需要。

1．移动表格线

移动鼠标指针至表格边线,当指针出现"✢"或"✢"形状时,拖动鼠标即可移动表格线。移动示例如图 1-104 所示。

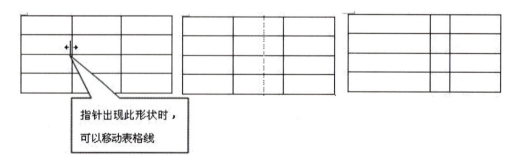

图 1-104　移动表格边线示例

> **注意:**如果先选定某个单元格,再移动表格线,则只移动选中区域的表格线。

2. 表格属性

（1）设置表格的行高

用移动表格线的方法可以改变表格的行高和列宽，也可以使用选项卡方法精确设置表格的行高和列宽。

扫码观看视频

设置行高的步骤如下：

1）选定要设置行高的一行或多行。

2）单击"表格工具布局"选项卡中"表"选项组中"属性"按钮，出现"表格属性"对话框，选择"行"选项卡，如图1-105所示。

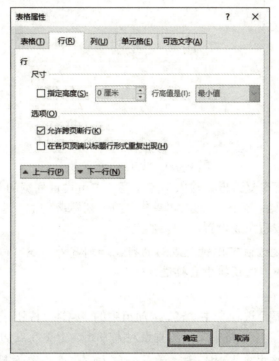

图1-105　设置行高选项卡

3）选中"指定高度"复选框，输入行高。选择"行高值是"下拉列表框，如选择"最小值"表示行高是单元格内容的最小值，随单元格内容的增加而自动增加行高，如选择"固定值"表示行高固定不变，行高不随单元格内容增加，当单元格内容超过行高时，将不能完整显示或打印。

4）要改变上一行或下一行的行高，可单击"上一行"或"下一行"按钮，继续设置行高。

5）单击"确定"按钮完成设置。

（2）设置表格的列宽

设置列宽的方法与设置行高的方法基本相同，步骤如下：

1）选定要设置列宽的一列或多列，如是一列也可以直接置光标于该列所在的单元格中。

2）单击"表格工具布局"选项卡中"表"选项组中"属性"按钮，出现"表格属性"对话框，选择"列"选项卡，如图1-106所示。

图1-106 设置列宽选项卡

3）选中"指定高度"复选框，输入指定宽度，也可设置列宽的单位。

4）要改变前一列或后一列的宽度，可单击"前一列"或"后一列"按钮，继续设置列宽。

5）单击"确定"按钮完成设置。

注意：除了用上述方法可以设置表格的行高和列宽外，还可以在"表格工具布局"选项卡中"单元格大小"选项组中直接进行修改。

（3）设置单元格属性

单击"表格工具布局"选项卡中"表"选项组中的"属性"按钮，选择"单元格"选项卡。可以设置单元格的宽度、单元格中文本的垂直对齐方式、上下左右边距等。

注意：设置单元格中文本对齐方式的另一种方法：选中要设置对齐方式的文本，单击"表格工具布局"选项卡中"对齐方式"，选择其中的一种对齐方式即可。

3. 插入表格行、列

以下两种方法都可在表格中插入行或列。

1）移光标至要插入新行或新列的位置，在"表格工具布局"选项卡中"行和列"选项组中，选择要插入行或列的位置即可在表格中插入新的行或列。

2）选中一行或一列，右键选择"插入行"或"插入列"，则在所选行或列前插入新的行或列。另外，移动光标至表格右下角的单元格外按<Enter>键也可插入新行，插入的新行的单元格格式和上一行是相同的。

扫码观看视频

4. 删除表格行、列

以下两种方法都可在表格中删除行或列。

1）移光标至要删除行或列的所在单元格或选中要删除的行或列，在"表格工具布局"选项卡中"行和列"选项组中，选择要删除行或列，就可删除表格的行或列。

2）选中要删除的行或列，右键选择"删除行"或"删除列"命令，则所选表格的行或列被删除。

5. 合并单元格

合并单元格就是将多个单元格合并成一个单元格，如样例中"贴照片处"就用到了合并单元格。合并单元格的步骤如下：

扫码观看视频

1）选定要合并的单元格区域。

2）单击"表格工具布局"选项卡中"合并"选项组中的"合并单元格"按钮，所选择的单元格区域即被合并。效果如图 1-107 所示。

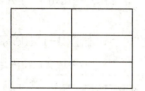 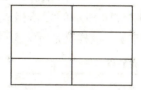

图 1-107　合并 1、2 行第一列两单元格效果图

6. 拆分单元格

绘制表格经常要用到拆分单元格，即将一个或多个单元格区域拆分，步骤如下：

1）选定要拆分的单元格或单元格区域。

2）单击"表格工具布局"选项卡中"合并"选项组中"拆分单元格"按钮，出现如图 1-108 所示的"拆分单元格"对话框。

3）输入拆分后单元格行数和列数。如选中"拆分前合并单元格"则先合并所选单元格后再拆分，否则每一个单元格均按设置的行数和列数来拆分。

4）单击"确定"按钮完成表格拆分，如图 1-109 所示。

 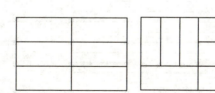

图 1-108　"拆分单元格"对话框　　图 1-109　拆分 1、2 行第一列两单元格效果图

操作步骤

1）启动 Word 2016 应用程序，单击"文件"→"新建"→"空白文档"命令，创建一篇 Word 文档。单击"文件"→"保存"命令，以文件名"履历表.docx"存于个人姓名文件夹下。

2）页面设置：单击"布局"选项卡中"页面设置"选项组中的"纸张大小"和"纸张方向"按钮，设置纸型为 A4，纵向，下边距 2 厘米。

3）输入表头：在第一行输入文本"求职履历表"，选中文本，设置文本格式为黑体，小二，居中，段后 0.5 行。

4）插入表格：单击"插入"选项卡中"表格"选项组中"表格"下拉列表中的"插入表格"，输入表格列数为 1，行数为 31，单击"确定"按钮。

5）设计表格整体布局：选中表格前 5 行，单击"表格工具布局"选项卡中"合并"选项组中的"拆分单元格"按钮，拆分单元格为 7 列 5 行；选中前 5 行表格第 7 列，单击"表格工具布局"选项卡中"合并"选项组中的"合并单元格"按钮，合并单元格；选中第一行，单击"表格工具布局"选项卡中"合并"选项组中的"拆分单元格"按钮，拆分单元格为 4 列；选中第 2 行前 6 列，单击"表格工具布局"选项卡中"合并"选项组中的"合并单元格"按钮，合并单元格；依次方法，使用选中、拆分单元格、合并单元格方法按样表将表格拆分成如图 1-110 所示的表格格式。

6）输入表格内容：按样文所示，输入表格中的文字，如图 1-111 所示。

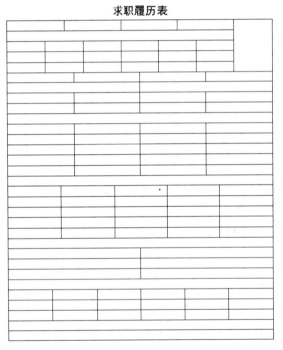

图 1-110　制作表格　　　　　　　　　　图 1-111　输入表格文字

7）细化表格边线：根据单元格内文字内容的多少及应用需要，适当调整表格内列宽，使表格更加规范，如图 1-112 所示。

8）设置文字格式：选中表格中的"一、个人资料""二、教育程度""三、工作经验""四、专业训练或特长（特别资格或通过考试）""五、社团活动""六、自传（如学习经验、社团经验、工作观、自我期许等）"文本，设置加粗，居中对齐；选中"贴照片处"，设置居中对齐；根据需要及样文将其他单元格中的文字设置分散对齐或居中对齐，移动光标至最后一行，单击"表格工具布局"选项卡中"单元格大小"选项组中"高度"，设置行高为 5.8 厘米。制作效果如图 1-113 所示。

9）保存文件，完成设置。

图 1-112　调整表格　　　　　　　　　图 1-113　设置文本格式

我来试一试

1）打开"Word学习\11"文件夹下的文件"表格1.docx",将下面的文字转换成4行4列的表格。存于个人姓名文件夹下。

姓名，字，号，生卒年份

李白，太白，青莲居士，701—762

杜甫，子美，少陵野老，712—770

白居易，乐天，香山居士，772—843

2）使用"绘制表格"按钮绘制如图1-114所示表格。以文件名"表格2.docx"保存于个人姓名文件夹下。

3）制作如图1-115所示的"转账凭证"，以"表格3.docx"保存于个人姓名文件夹下。注意设置借贷方金额数字（百、十、万、千、元、角、分）。单元格属性上、下、左、右边距均为0厘米。

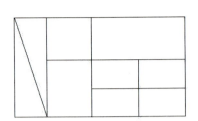

图 1-114　示例表格　　　　　　　　　　图 1-115　转账凭证

  我来归纳

制作表格时应按照先整体再局部，先概况再细化的原则进行。直接移动标尺上的"移动表格列"项可以布局列整体，选定单元格后再移动表格边线可以调整细节布局。

 案例12　制作课程表——格式化表格

【教学指导】

通过制作"课程表"来学习表格的格式化操作、设置表格边线、绘制斜线表头、自动套用格式等，达到可以制作并排版表格的要求。

【学习指导】

 任务

学校要举办课程表大赛，请看 Word 高手豆子制作的个性课程表，如图 1-116 所示。

图 1-116　个性课程表制作效果图

 知识点

扫码观看视频

一、改变表格框线

使用"表格工具设计"选项卡中"边框"功能区中的"▦"和"———▾"按钮可以改变表格的框线，改变框线前后的表格如图 1-117 所示，方法如下：

1）选中整个表格或要改变框线的单元格，单击"———▾"按钮，选择一种线型。

2）单击"▦"按钮，出现如图 1-118 所示的各种框线位置选择下拉按钮，选择要改变框线的框线按钮并单击（如"外部框线"只改变表格的外部框线，"上框线"只改变选中表格的上框线等，"无框线"则选中的表格的框线不被显示），则选中表格部分的框线被所选择的线型所代替。

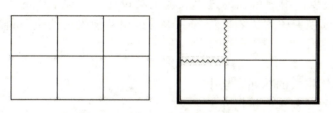

图 1-117 改变表格框线示例　　　　图 1-118 框线选择下拉按钮

> **注意：** 如果选择"表格工具设计"选项卡中"边框"功能区中的"0.5磅———▾"下拉按钮后，再选择"外部框线"下拉按钮，则可以改变框线的粗细。如果选择"笔颜色▾"下拉按钮设置后，再选择"外部框线"下拉按钮，则可以改变框线的颜色。

二、制作斜线表头

以下三种方法可以绘制斜线表头。

1）使用"▦"中的"◣ 斜下框线(W)"按钮为指定单元格添加斜线。

2）单击"表格工具布局"选项卡中"绘图"功能区中的"▨"按钮，使用绘制表格工具手动添加斜线。

3）单击"表格工具布局"选项卡中"表"功能区中的"▦"按钮，在"表格属性"对话框中单击"边框和底纹"按钮，打开"边框和底纹"对话框，设置如下图 1-119 所示。

> **注意：** 如果想画两条斜线的表头，就用"插入"选项卡中"插图"选项卡中"形状"画直线，如果文字不好输入可用文本框添加后调整位置再组合应用。

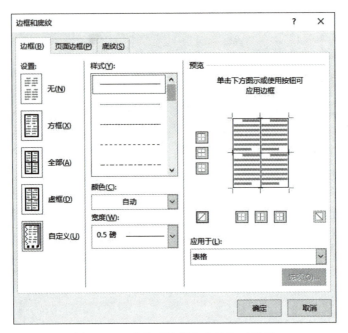

图 1-119　表格"边框和底纹"对话框

三、表格自动套用格式

Word 2016 提供了多种表格模板，用户可以通过"表格工具设计"选项卡中的"表格样式选项"及"表格工具设计"选项卡中的"表格样式"中的按钮实现表格的快速排版，如图 1-120 所示。

设置表格自动套用格式步骤：

1）将光标置于要设置自动套用格式的普通表格中。
2）勾选"表格样式选项"中的"复选"按钮。
3）单击"表格样式"中的"样式"按钮，所选择的表格自动排版成选择的自动套用格式。

图 1-120　表格自动套用格式

四、表格内文本的格式化

Word 2016 对表格内文本的格式化与普通文本格式化的方法相同，可以在表格中设置文本的格式、插入图片、艺术字、设置表格单元格的边框和底纹等，形成图表混排的文档效果。

扫码观看视频

改变表格内文字方向：

在表格中可以改变表格不同单元格内文字的方向顺序，形成表格文字纵横混排的效果，图 1-121 所示为改变表格中文字方向的示例。

改变表格内文字方向的步骤：

1）选中表格内要改变方向的文字或将光标移到单元格中。

2）单击鼠标右键,在弹出的右键菜单中选择"文字方向"命令,出现如图1-122所示的"文字方向"对话框,选择一种文字方向,可在"预览"框中查看文字效果,单击"确定"按钮。则选中表格中的文字方向被改变。

图1-121　改变表格中的文字方向　　　　　图1-122　"文字方向"对话框

操作步骤

1）设置表头：单击"插入"选项卡中"文本"选项组中的"艺术字"按钮,选择艺术字为第五行第三列式样,输入文字"课程表",设置艺术字为"隶书"字体,字号为小初；"形状填充""形状轮廓"均为无；"形状效果"为"阴影""外部""向下偏移"。

2）在文本中插入图片：单击"插入"选项卡中"插图"选项组中的"图片",找到"Word学习\12"文件夹下的图片"1.gif",单击"插入"完成图片的插入。

3）绘制表格：单击"插入"选项卡中"表格"选项组中"插入表格",输入表格列数为6,行数为8,单击"确定"按钮。设置第一列列宽为3.05厘米,第一行行高为1.75厘米,合并第六行的所有单元格,成为一列。

4）绘制斜线表头：利用"▦"中的"⧄ 斜下框线"按钮为首行首列单元格添加斜线。斜线两侧插入文本框分别输入"星期"和"课程",手动调整文本框位置后将文本框组合。

5）输入并设置表格文字：在表格中输入除"午休"以外文字,并设置文字格式,"星期一"到"星期五"为方正姚体,小三；"第一节"到"第六节"为方正舒体,小三；课节汉字为华文行楷,小三；课节英文为"Lucida Handwriting",小四。所有文字中部居中对齐。

6）设置表格底纹：分别选中表格第一行和第一列除第六行（"午休"行）外的单元格,单击"表格工具设计"选项卡中"表格样式"功能区中的"▦"下拉按钮,选择颜色为"橙色　强调文字颜色6　淡色80%"。

7）设置"午休"：将光标置于第六行,单击"插入"选项卡中"插图"选项组中"图片",找到"Word学习\12"文件夹下的图片"2.gif",单击"插入"完成图片的插入。单击"插入"选项卡中"文本"选项组中"艺术字",选择艺术字为第二行第二列式样,输入文字"午休",单击"确定"按钮。设置艺术字为"华文楷体"字体,字号为二号（也可使用文本框完成"午休"文字的设置）。

8）设置表格外框线：选中表格,单击"表格工具设计"选项卡中"边框"功能区中的"▭"按钮,选择线型为双波浪线,再单击"▦"按钮,单击选择"⊞ 外侧框线(S)"完成表格外部框线的设置。

9）保存文件。

我来试一试

1）使用表格自动套用格式（清单表7彩色—着色2），制作如图1-123所示的表格，设置行高0.8厘米，除"电话号码"列右对齐外，其他列均居中对齐，并且以"表格4.docx"为文件名保存于个人姓名文件夹下。

2）使用隐藏表格边框线，制作如图1-124所示的"图书价目表"，以"表格5.docx"为文件名保存于个人姓名文件夹下。

姓名	工作单位	电话号码	邮政编码
柳传志	联想集团	(010) 38146665	100106
赵军涛	复旦大学	(020) 66778899	200065
王海波	航空机械制造厂	(0571) 5426376	233001

图1-123　表格自动套用格式示例

图书价目表

种类 \ 价目	人民币	欧元
宋词三百首	48	4.8
唐诗三百首	48	4.8
西游记（精装本）	280	28.0
三国演义（精装本）	280	28.0
红楼梦（精装本）	280	28.0
水浒传（精装本）	280	28.0

图1-124　图书价目表

 我来归纳

灵活地使用表格工具中的自动套用格式，结合插入图片、艺术字、自选图形等知识点，可以制作出各种排版精美的表格。

 案例13 制作成绩单——表格中的数据计算

【教学指导】

通过制作"成绩单"来学习表格内数字的计算、排序，达到可以熟练制表并完成计算的要求。

【学习指导】

 任务

期末考试完毕，豆子考得不错，在受到老师大力表扬之外，豆子又接到了一份"光荣"的任务——计算全班同学的总分及平均分，并且将成绩由高到低排序。制作前后的成绩单如图1-125所示。

08 财会二班期末成绩单

姓名\科目	语文	数学	英语	政治	财务	工会	WORD	总分	平均分
吴柯	79	90	68	87	92		93		
姜水	85	76	90	86	83	94	73		
孟静	88	96	78	86	88		95		
王仪	73	92	78	65	87	80	93		
张玲	71	87	91	88	67	92	84		
秦潞	86	90	86	74	85	79	85		
赵鹏飞	76	83	63	79	81	73	86		
刘榴	92	68	89	93	74	88	84		
李墨	82	92	80	68	77	90	91		
蒋来	85	73	69	86	78	89	86		
赵球球	90	95	93	92	90	98	99		

08 财会二班期末成绩单

姓名\科目	语文	数学	英语	政治	财务	工会	WORD	总分	平均分
吴柯	79	90	68	87	92		93	509	84.83
姜水	85	76	90	86	83	94	73	587	83.86
孟静	88	96	78	86	88		95	621	88.71
王仪	73	92	78	65	87	80	93	568	81.14
张玲	71	87	91	88	67	92	84	580	82.86
秦潞	86	90	86	74	85	79	85	585	83.57
赵鹏飞	76	83	63	79	81	73	86	541	77.29
刘榴	92	68	89	93	74	88	84	588	84.00
李墨	82	92	80	68	77	90	91	580	82.86
蒋来	85	73	69	86	78	89	86	566	80.86
赵球球	90	95	93	92	90	98	99	657	93.86

图 1-125　制作前后的成绩单对比图

知识点

一、表格中数据的计算

1. Word 2016 表格中单元格的标识方法

在 Word 表格中行使用半角阿拉伯数字 1、2、3、4……表示，列使用英文字母 A、B、C、D……表示，每一单元格按"列行"标识，如图 1-126 所示。

扫码观看视频

A1	B1	C1	D1
A2	B2	C2	D2
A3	B3	C3	D3

图 1-126　单元格的表示方法

2. Word 2016 表格中数据的计算方法

在表格中可以进行求平均值、取最大数、取最小数等运算，步骤如下：

1）单击"表格工具布局"选项卡中"数据"功能区中的""按钮，出现如图 1-127 所示的"公式"对话框。

2）单击"粘贴函数"下拉列表框选择要进行运算使用的函数，最常用的是"SUM"（求和）及"AVERAGE"（求平均值）函数。

3）选择函数后，函数自动出现在"公式"文本框中，可以在函数名后面的括号中输入计算的范围，常用数据范围的含义如下：

① "LEFT"：该行单元格以左的数据，如 SUM（LEFT）。

② "RIGHT"：该行单元格以右的数据，如 AVERAGE（RIGHT）。

图 1-127　"公式"对话框

③ "ABOVE"：该列单元格以上的数据，如 SUM（ABOVE）。

④ "单元格标识 1：单元格标识 2"：计算"单元格标识 1"到"单元格标识 2"对角线区域中的数据。如（A1：C3）计算第一行第一列到第三行第三列的数据。

4）在"编号格式"下拉列表框中选择计算后数字的格式。

5）单击"确定"按钮。

> **注意**：如果单元格中显示的是大括号和代码（例如，{=SUM(LEFT)}）而不是实际的求和结果，则表明 Word 正在显示域代码。要显示域代码的计算结果，请按 <Shift+F9> 组合键或右键选择"切换域代码"命令；如果该行或列中含有空单元格，则 Word 将不对这一整行或整列进行计算。要对整行或整列计算，请在每个空单元格中键入零值。

二、表格中数据的排序

1）单击"表格工具布局"选项卡中"数据"功能区中的"↓"按钮进行排序，操作步骤如下：

① 移光标至表格的单元格中或选定整个表格。

扫码观看视频

② 单击"表格工具布局"选项卡中"数据"功能区中的"↓"按钮，出现如图 1-128 所示"排序"对话框，在"排序"下拉列表框中选择主要关键字的列的名称，对应的"类型"下拉列表框选择该列的数据类型，再选择按"升序"或"降序"排序。

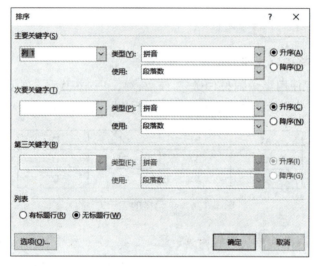

图 1-128 "排序"对话框

③ 设置次要关键字、第三关键字，功能是在前一排序依据相同时的排序依据。设置方法与设置"主要关键字"的方法相同。

④ 选择"列表"单选按钮，如选中"有标题行"则排序时不包括标题行，否则相反。

⑤ 单击"确定"按钮。

2）如果只依据某一列数据排序，可将光标置于表格中的该列任意单元格，然后单击"开始"选项卡中"段落"功能区中的"↓"按钮，同样也可以打开"排序"对话框。

> **注意**：Word 是以域的形式将结果插入选定单元格的，所以在 Word 单元格中通过公式计算出的数值（包括插入的页码）呈灰度显示，系统默认为字符型，因此在排序时应按照"拼音"排序。

 操作步骤

1）打开"WORD 学习\13"文件夹下文件"成绩单.docx"，单击"文件"→"另存为"命令以"成绩单排序.docx"为文件名保存于姓名文件夹下。

2）计算总分：移动光标到第二行第九列的单元格中，单击"表格工具布局"选项卡中"数据"功能区中的" "按钮，在"公式"文本框中输入"=SUM（left）"，单击"确定"按钮，自动计算出"吴柯"的总分。依此方法，将光标分别置于第三行到第十二行的第九列的单元格中，分别单击" "按钮，在"公式"文本框中输入"=SUM（left）"，计算出所有学生的总分。

3）计算平均分：移动光标到第二行第十列的单元格中，单击"表格工具布局"选项卡中"数据"功能区中的" "按钮，在"粘贴函数"下拉列表框中选择函数"AVERAGE"，在"公式"文本框中输入"=AVERAGE（b2:h2）"，单击"确定"按钮，自动计算出"吴柯"的平均分。依此方法，将光标分别置于第三行到第十二行的第十列的单元格中，分别单击" "按钮，在"公式"文本框中输入"= AVERAGE（b*:h*）"，其中"*"代表行数，即第三行时输入"= AVERAGE（b3:h3）"、第四行时输入"= AVERAGE（b4:h4）"等，计算出所有学生的平均分。

4）数据排序：将光标置于表格中的任意单元格或选中整个表格，单击"表格工具布局"选项卡中"数据"功能区中的" "按钮，在"排序"对话框中"主要关键字"下拉列表框中选择"总分"，对应的"类型"下拉列表框选择"拼音"，单击"降序"单选按钮；在"次要关键字"下拉列表框中选择"列 1"，对应的"类型"下拉列表框选择"拼音"，单击"升序"单选按钮；选中"有标题行"单选按钮，单击"确定"完成按总分由高到低排序，总分相同者按姓名顺序排序。

5）保存文件。

我来试一试

1）打开"WORD 学习 \13"文件夹下文件"表格练习 .docx"，以"表格 6.docx"为文件名存于个人姓名文件夹下，并使用公式请计算出各球员的总分及各轮的平均分，并按总分由高到低排序，根据排序结果填入排名，如图 1-129 所示。

球员比赛积分表

	第一轮	第二轮	第三轮	第四轮	总分	排名
王 强	16	19	14	20		
李 亮	8	15	12	13		
赵 欣	19	15	15	14		
刘 军	21	19	13	14		
平 均 值					备 注	

球员比赛积分表

	第一轮	第二轮	第三轮	第四轮	总分	排名
刘 军	21	19	19	14	73	1
王 强	16	19	14	20	69	2
赵 欣	19	15	15	14	63	3
李 亮	8	15	12	13	48	4
平 均 值	16.00	17.00	15.00	15.25	备 注	

图 1-129 计算结果图

2）打开"WORD 学习\13"文件夹下文件"图书价目表.docx",以"表格7.docx"为文件名存于个人姓名下,并使用公式计算出图书的总价和合计,并对表格进行美化,如图1-130所示。

图书价目表

名称	定价（元）	数量	折扣	总价（元）
《自在独行》	39.00	16	0.85	
《小王子》	34.80	20	0.80	
《傅雷家书》	36.00	20	0.90	
《四大名著》	199.00	28	0.80	
《地球往事》全三册	168.00	18	0.80	
《明朝那些事儿》	297.00	8	0.75	
合　计				

图书价目表

名称	定价（元）	数量	折扣	总价（元）
《自在独行》	39.00	16	0.85	198.90
《小王子》	34.80	20	0.80	556.80
《傅雷家书》	36.00	20	0.90	648.00
《四大名著》	199.00	28	0.80	4,457.60
《地球往事》全三册	168.00	18	0.80	2,419.20
《明朝那些事儿》	297.00	12	0.75	2,673.00
合　计				10,953.50

图 1-130　图书价目表

提示：总价的计算要使用 PRODUCT() 函数（乘积函数），括号中的参数填写为 left；表格的美化可以使用表设计中的嵌套表格样式，样式的选择可以根据自己的喜好自选。

我来归纳

对表格中数据的计算要注意以下三个问题：第一，表格中数据改动后，需要重新计算表格中的生成数据；第二，使用公式来计算表格中数据时，"="不能省略，要使用英文状态下的单元格区域标识；第三，合理地运用单元格标识区域可以计算任意范围内的表格数据。

案例 14 编制数学公式——公式的插入与编辑

【教学指导】

通过制作数学公式来学习在 Word 2016 中插入公式的方法，达到可以熟练编制各种公式的要求。

【学习指导】

通过这一段时间对 Word 的学习，豆子已经可以在课余时间帮助各学科老师处理一些不太机密的试卷，这也使得众同学对豆子的仰慕多了几分，看来离他成为 Word 明星之日不远了。

今天豆子又自告奋勇地去数学老师那里接了一套试卷，回去一看，各种各样的数学公式让豆子头疼，难道要他手工地将它们写上不成，还是要对老师说"Sorry, I can't."，这样岂不是丢尽豆子的面子。不行，豆子一定要让这些公式乖乖地"听话"。制作效果如图 1-131 所示。

$$k_{1,2} = \frac{\sqrt{i^2 + m^2 + n^2}}{2}$$

图 1-131 公式制作效果图

在编辑数学、化学等有关自然科学的文档时，经常要用到各种公式，Word 2016 提供的公式编辑器可以方便地实现各种公式的插入和编辑。

一、公式的插入

1) 单击"插入"选项卡中"符号"选项组中"公式"下拉列表中的" π 插入新公式(I) "，文档插入点处出现公式编辑区 ，菜单中出现如图 1-132 所示的"公式工具设计"选项卡。

扫码观看视频

图 1-132 公式工具设计选项卡

2) 根据公式编辑的需要单击各个模板及符号项，选择合适的符号或运算符，观察光标长短的变化，输入或插入各种运算符号、变量或数字，来构造公式。也可在"公式工具设计"选项卡中"工具"功能区点击 π 按钮，插入软件自带的公式。

3) 单击公式编辑文档区除公式编辑区外的任意位置，结束公式编辑，此时公式以一个对象的形式插入到文档中。

> **注意：**
> ① 只有在文档区中插入公式之后，才会出现"公式工具设计"选项卡。

② 在"公式工具设计"选项卡中,所有下面带有 ▼ 标记的按钮用鼠标按住会显示出按钮所对应的公式结构样板或框架(包含分式、积分和求和等)。
③ 输入公式时,合理使用光标键移动光标,观察光标的位置及长短变化。
④ 尽量使用软件内置的公式样式,根据实际情况调整其中个别组成部分。
⑤ 复制、移动操作的巧妙使用,可以快捷输入同一种模式的公式内容。

二、公式的编辑

1)插入公式后,可以对公式进行编辑。鼠标单击公式,随即进入公式编辑状态,可以添加或删除字符或运算符,也可以设置公式内部的数据、格式及尺寸等。

选中公式的某个或某些符号及运算符,单击功能区中的各个选项(如编辑、格式、样式等)即可对选中部分公式进行编辑。如图1-133所示为选中变量"k"后,设置其颜色的方法。在公式中单个字符的大小调整后,公式中所有字符大小都会随之改变。

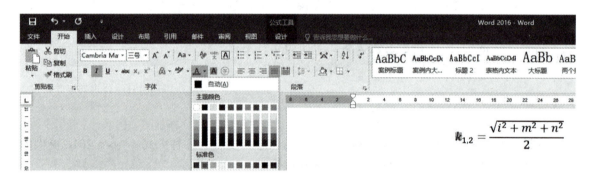

图1-133 在公式编辑区中编辑公式

2)在文档区中编辑公式。在文档区中,允许将插入的公式作为对象进行编辑,编辑方法是选中公式后,右键出现如图1-134所示的菜单,可以对公式"剪切""复制""粘贴"等操作;"字体"和"段落"项与菜单的功能相同,可以编辑公式的字体和段落格式;同一公式的"专业型"和"线性"设置显示区别如图1-135所示。

$k\_1,2 = \sqrt{(i^{\wedge}2 + m^{\wedge}2 + n^{\wedge}2)/(2)}$

线性

$k_{1,2} = \dfrac{\sqrt{i^2 + m^2 + n^2}}{2}$

专业型

图1-134 右键公式出现的菜单   图1-135 同一公式的不同显示方法

操作步骤

1）新建一篇 Word 文档，以"公式.docx"为文件名保存于个人姓名文件夹下。

2）单击"插入"选项卡中"符号"选项组中"公式"下拉列表中的"  "按钮，展开如图 1-132 所示的"公式工具设计"选项卡。

3）单击"公式工具设计"选项卡中"结构"中的"e^x"选择样式按钮模板，在公式编辑文档区框所示位置输入"k"，再在框所示位置输入下标"1, 2"，右移光标输入"="，公式编辑区中出现"$k_{1,2}=$"。

单击分数模板，选择按钮，移动光标至分式分子位置，单击"公式工具设计"中"结构"区选择$\sqrt{}$按钮，把光标移动到根号内，单击e^x模板中的按钮，在$k_{1,2}=\sqrt{\square}$中的区输入"2"，移动鼠标到右侧输入"+"，再用相同方法输入m^2+n^2（也可以把光标移动到根号内，先输入"i+m+n"；鼠标拖选字符"i"单击e^x模板中的按钮，在$k_{1,2}=\sqrt{i^2+m+n}$中的区输入"2"公式编辑区中出现"$k_{1,2}=\sqrt{i^2+m+n}$"）。

4）移动光标至分母区，输入"2"，公式编辑完毕。

5）设置公式格式：选中公式编辑区中"k"，右键选择"字体"菜单，设置"k"的尺寸为"小三号""红色"，可以看到公式内整体字符大小都随之改变，但只有"k"颜色变为红色 $k_{1,2}=\frac{\sqrt{i^2+m^2+n^2}}{2}$。

6）单击公式编辑区外的任何位置，返回文档窗口，保存文件。

我来试一试

制作下列公式，以"公式练习.doc"为文件名存于个人姓名文件夹下。

1）$\dfrac{P(x)}{(x+a)^3}=\dfrac{A_1}{x+a}+\dfrac{A_2}{(x-a)^2}+\dfrac{A_3}{(x-a)^3}$

2）$f_1(x)\bullet f_2(x)=\sum\limits_{n=0}^{\infty}(a_0b_n+a_1b_{n-1}+\cdots+a_nb_0)x^n(|x|>R)$

3）$x=\dfrac{-b\pm\sqrt{b^2-4ac}}{2a}$

4）$(a+b)^2=(a+b)(a+b)=(a^2+2ab+b^2)$

5）$S=\sqrt{(s-a)(s-b)(s-c)}$

6）$\int_0^\infty f(x,y,z)\Big|_0^n ds=\iint_a^b S(x)\,du=\int_0^{\frac{\pi}{2}}e^{-x^2}\sin^n x\,dy$

7）半角公式 $\begin{cases}\sin\dfrac{A}{2}=\sqrt{\dfrac{(s-b)(s-c)}{bc}}\\ \sin\dfrac{B}{2}=\sqrt{\dfrac{(s-c)(s-a)}{ca}}\\ \sin\dfrac{C}{2}=\sqrt{\dfrac{(s-a)(s-b)}{ab}}\end{cases}$

8) $\dfrac{\cos\alpha}{l} = \dfrac{\cos\beta}{m} = \dfrac{\cos\gamma}{n} = \dfrac{1}{k}$

9) $S(t) = \sum\limits_{x=0}^{\infty} x_i^2(t)$

10) $\dfrac{a}{b} \pm \dfrac{c}{d} = \dfrac{ad \pm bc}{bd}$

我来归纳

在公式的制作与排版中，要注意以下 4 条基本规则：一要主线（中线）对齐；二要正确使用正体和斜体字母；三要注意公式的居中和上下对齐，要注意公式转行时符号的对齐；四要根据插入点光标长短的变化来输入不同位置的符号及运算符。

案例 15 校庆邀请函——邮件合并与录制宏

【教学指导】

通过制作"校庆邀请函"来学习 Word 2016 中邮件合并、录制宏的方法，达到可以熟练使用 Word 高级功能的要求。

【学习指导】

任务

学校要 30 年校庆了，豆子奉命给各校友制作邀请函，如图 1-136 所示。人员名单和工作单位已给出，如图 1-137 所示。难道需要豆子逐个将他们添入到邀请函中吗，这岂不是太麻烦了？这时，豆子想到了 Word 2016 的一种高级功能：邮件合并。合并后制作效果如图 1-138 所示。

单位	姓名
长春市教育局	王庆礼
吉林市税务局	张天绮
四平市水利局	李 鹏
延吉市木器厂	赵志强

图 1-136　邀请函示意图　　　　　　　　图 1-137　人员名单及工作单位

图 1-138　合并后的邮件示例图

知识点

一、邮件合并

扫码观看视频

邮件合并是 Word 2016 的高级功能之一,所谓"邮件合并"就是在邮件文档的固定内容中,合并与发送信息相关的一组通信资料,使打印输出可批量处理。如在前文中,就是利用了"邮件合并"的功能将图 1-136 与及图 1-137 的内容合并,在主文档"邀请函"中自动加入了"单位"与"姓名",省去了许多手工操作。

打开主文档,单击"邮件"选项卡中的"开始邮件合并"功能区中的" "按钮的下拉按键,在其下拉列表中选择" "功能,在 Word 工作区的右侧将会出现邮件合并的任务窗格。它将引导用户一步一步、轻松地完成邮件合并。在同一个菜单,还可以选择显示邮件合并工具栏,方便操作。

1)首先在图 1-139 中选择文档的类型,使用默认的"信函"即可,之后在任务窗格的下方点击"下一步:开始文档"。

2)由于主文档已经打开,在图 1-140 中选择"使用当前文档"作为开始文档即可,单击"下一步:选择收件人"。

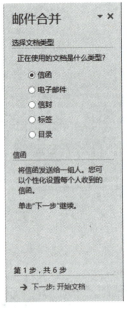
图 1-139 选择文档类型

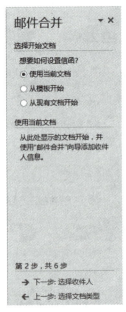
图 1-140 选择开始文档

3)选择收件人,即找到数据源,如图 1-141 所示。这里使用的是现成的数据表,选择"使用现有列表",并单击下方的"浏览",选择数据表所在位置并将其打开(如果工作簿中有多个工作表,选择数据所在的工作表并将其打开)。在随后弹出的如图 1-142"邮件合并收件人"对话框中,可以对数据表中的数据进行筛选和排序,单击确定完成之后,单击"下一步:撰写信函"。

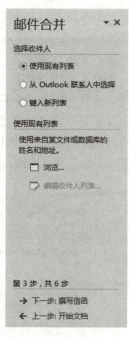
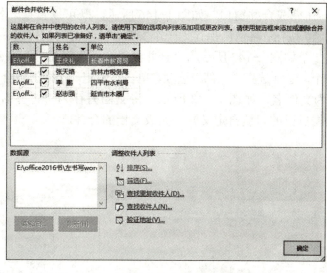

图1-141 选择收件人　　　　　图1-142 "邮件合并收件人"对话框

4)撰写信函,这是最关键的一步,如图1-143所示。这时任务窗格上显示了"地址块""问候语""电子邮政"和"其他项目"四个选项。前三个的用途就如它们的名字一样显而易见,是常用到的一些文档规范,用户可以将自己的数据源中的某个字段映射到标准库中的某个字段,从而实现自动按规范进行设置。不过,更灵活的做法是自己进行编排。在这个例子中,选择的就是"其他项目",弹出如图1-144所示的"插入合并域"对话框,分别在选中"单位"和"姓名"后单击"插入"按钮,看到文档中出现"单位""姓名"后单击"关闭"按钮。之后,单击"下一步:预览信函"。

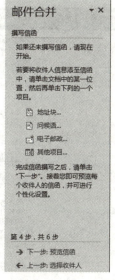
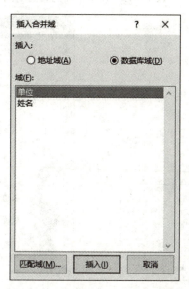

图1-143 撰写信函　　　　　图1-144 "插入合并域"对话框

5）预览信函，可以看到一封一封已经填写完整的信函，如图 1-145 所示。如果在预览过程中发现了什么问题，还可以进行更改，如对收件人列表进行编辑以重新定义收件人范围，或者排除已经合并完成的信函中的若干信函。完成之后单击"下一步：完成合并"。

6）在完成合并窗口，如图 1-146 所示，既可以直接"打印"信函，也可以单击"编辑单个信函"按钮，将信函保存为一个文档，以便留档或修改。在这里，选择"编辑单个信函"，会弹出一个如图 1-147 所示的"合并到新文档"对话框，任选"合并记录"中 3 个单选按钮中的一个，通常选择"全部"选项，单击"确定"，将信函合并到一个文档中，该文档以"信函 1"为文件名，如图 1-148 所示，将文档另存为"合并后的文档.docx"（文档的文件名可以根据自己的习惯自定义），完成文档的合并。

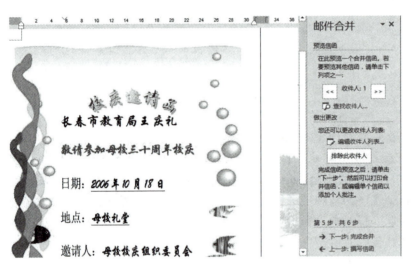

图 1-145　预览已经完成的信函

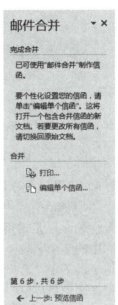

图 1-146　完成合并

图 1-147　"合并到新文档"对话框

图 1-148　合并后的新文档

二、录制宏

有时需要重复地执行一系列复杂的 Word 命令,如设置字体的颜色、字号、段间距等,这时用户可以将这一系列命令录制成宏,以后要执行这些命令时,只要执行这个录制好的宏就可以完成所有的操作,可见宏是将一系列 Word 命令组合成为一个单独执行的命令。

扫码观看视频

1. 录制宏

录制宏是将一系列 Word 操作录制下来。

（1）录制宏的方法

选项卡方法——单击"视图"选项卡中"宏"选项组中"宏"下拉列表中的"录制宏"按钮。

（2）录制宏的步骤

1）单击"视图"选项卡中"宏"选项组中"宏"下拉列表中的"录制宏"按钮。出现如图 1-149 所示的"录制宏"对话框。

2）在"宏名"文本框中,键入宏的名称;在"将宏保存在"下拉列表框中,选择要用来保存宏的模板或文档;在"说明"框中,键入对宏的说明（可以省略）。

3）在"录制宏"对话框中,如果单击"按钮"按钮,可以将宏指定到工具栏或菜单,方法是在"word 选项"对话框中选择对应菜单或工具栏选项卡,如"快速访问工具栏",则单击"添加"按钮将文本框下正在录制的宏添加到快速访问工具栏中,在"自定义快速访问工具栏"下选择宏命令所适用范围,随后单击"确定"按钮开始录制宏。如果单击"键盘",可以给宏指定快捷键,方法是在"自定义键盘"对话框中单击"命令"文本框中正在录制的宏,在"请按新快捷键"框中键入所需快捷键,再单击"指定"按钮,然后单击"关闭"按钮开始录制宏。如果直接单击"关闭"按钮,则不指定宏的位置,直接录制宏。

4）用鼠标单击宏中所包含的命令和选项,开始录制宏,在"视图"选项卡中"宏"选项组中展开如图 1-150 所示的停止录制工具栏,单击"暂停录制"可以暂时停止录制,单击"停止录制"按钮可以停止宏的录制过程。

图 1-149 "录制宏"对话框

图 1-150 停止录制工具栏

2. 运行宏

录制宏后，可以运行宏。

（1）运行宏的方法

1）选项卡方法——单击"视图"选项卡中"宏"选项组中"宏"下拉列表中的"查看宏"按钮，打开"宏"对话框，选中宏，点击"运行"按钮运行该宏。

2）快捷键、工具栏、菜单项方法——如果在图1-149的"录制宏"对话框中，选择了将宏指定到"工具栏"可使用定义的工具按钮或菜单命令来运行宏；如选择了"快捷键"可使用定义的快捷键运行宏。

（2）运行宏的步骤

1）打开要运行宏的文档，选定要运行宏的对象。

2）单击"视图"选项卡中"宏"选项组中"宏"下拉列表中的"查看宏"按钮，弹出"宏"对话框，如图1-151所示。

图1-151 "宏"对话框

3）在"宏的位置"下拉列表框中选择宏所在的模板，在"宏名"列表框中选择要运行的宏。

4）单击"运行"按钮，所选择的宏即被运行。

> **注意**：如果要删除录制好的宏，则只要在如图1-151所示的"宏"对话框中，在"宏名"列表框中选择要删除的宏，单击"删除"按钮即可。

操作步骤

1）根据"WORD学习\15"文件夹下的素材制作如图1-136所示的邀请函（也可直接打开"WORD学习\15"文件夹下制作好的文件"邀请函.docx"）。

2）确定数据源：使"邀请函.docx"成为当前主窗口，单击"邮件"选项卡中"开始邮件合并"选项组中"选择收件人"下拉列表中的"使用现有列表"按钮，在"选取数据源"对话框中，选择"WORD学习\15"文件夹下的文件"数据源.docx"，单击"打开"按钮。

3）插入合并域：在主文档编辑区，移动光标至"敬请参加母校三十周年校庆"上一行，单击"邮件"选项卡中"编写和插入域"选项组中"插入合并域"按钮，分别选择"单位""姓名"插入，并输入符号"："。

4）合并数据和文档：单击"邮件"选项卡中"完成"选项组中"完成并合并"中"编辑单个文档"按钮，在"合并到新文档"对话框中选择"合并记录"项为"全部"，单击"合并"按钮，则新合并好的文档以新文档的形式出现在新窗口中。

5）将新合并好的文档保存于姓名文件夹下。

 我来试一试

1. 按照以下要求，完成邮件合并工作

1）创建主文档：打开"WORD 学习 \15"文件夹下文件"成绩单主文档 .docx"。

08 电子商务一班期末考试成绩单

姓名	语文		数学		总分	
	英语		政治			
	财务		工会		平均分	
	WORD					

2）创建数据源：打开"WORD 学习 \15"文件夹下文件"成绩单数据源 .docx"。

姓名	语文	数学	英语	政治	财务	工会	WORD	总分	平均分
赵球球	90	95	93	92	90	98	99	657	84.14
孟静	88	96	78	86	88	90	95	621	88.71
吴柯	79	90	68	87	92	80	93	589	84.14
刘榴	92	68	89	93	74	88	84	588	84.00
姜水	85	76	90	86	83	94	73	587	83.86

3）使用邮件合并功能将其合并为如下的文档。

08 电子商务一班期末考试赵球球成绩单

姓名	语文	90	数学	95	总分	657
	英语	93	政治	92		
赵球球	财务	90	工会	98	平均分	84.14
	WORD	99				

08 电子商务一班期末考试孟静成绩单

姓名	语文	88	数学	96	总分	621
	英语	78	政治	86		
孟静	财务	88	工会	90	平均分	88.71
	WORD	95				

08 电子商务一班期末考试吴柯成绩单

姓名	语文	79	数学	90	总分	589
	英语	68	政治	87		
吴柯	财务	92	工会	80	平均分	84.14
	WORD	93				

08 电子商务一班期末考试刘榴成绩单

姓名						
姓名	语文	92	数学	68	总分	588
	英语	89	政治	93		
刘榴	财务	74	工会	88	平均分	84.00
	WORD	84				

08 电子商务一班期末考试姜水成绩单

姓名	语文	85	数学	76	总分	587
	英语	90	政治	86		
姜水	财务	83	工会	94	平均分	83.86
	WORD	73				

2. 录制宏

1）在 Word 中新建一个文件，以"录制宏.docx"保存于姓名文件夹下。

2）在该文件中输入文字"录制字体及段落的宏演示"，并分段复制 3 遍。

3）创建一个名为"A1"的宏，将宏保存在"录制宏.docx"中，使用 <Alt+Shift+S> 作为快捷键，设置字体为蓝色、小二，段间距为 1.5 倍行距。

4）选中整个文件，在"录制宏.docx"文档中运行宏"A1"，观察文件效果。

5）保存文件。

我来归纳

邮件合并是 Word 2016 非常实用的功能，可用于制作工资条、老师给学生做成绩单、领导给下属反馈个人信息等，这样既保密又方便。对于多个 Word 命令反复操作的情况，使用录制宏命令非常简便实用。

案例 16　我来大展宏图——Word 2016 长文档排版

【教学指导】

通过长文档排版来复习巩固 Word 2016 知识点，达到可以多用户协作，共同制作多页综合 Word 文档的要求，培养学生的协作能力。

【学习指导】

经过两个多月的学习，豆子已经掌握了文档处理、图文混排、表格制作、高级设置等多项 Word 功能，今天豆子要和组员们共同制作一个集目录、图文等元素与一体的长文档排版，学为所用，一展豆子的过人才华。

第 1 篇　文字处理（Word 2016）

知识点

扫码观看视频

一、样式

1. 样式的创建

长文档排版在 Word 排版中是很常见的。长文档有它自身的特点：文字多、排版复杂，但各级标题与正文的字体设置与段落设置又很有规律可循。如果运用常规的排版方法，则会使用大量的时间对文字部分的字体及段落进行设置，为了节省时间，文字部分的设置可以使用样式这一强大的工具。

对于样式设置的操作均在样式功能区内完成，如图 1-152 所示。

图 1-152　样式功能区

1）样式创建的方法：单击"开始"选项卡中"样式"选项组中的相应按钮。

2）在进行文字排版时可以使用内置样式，但因为各个文档设置的要求均有所差异，因此，通常会自定义样式。操作步骤如下：

① 单击"开始"选项卡中"样式"选项组右下脚的""按钮，在弹出的如图 1-153 所示的"样式"任务窗格中选择""(新建样式命令）。

② 在弹出的如图 1-154 所示的"根据格式设置创建新样式"的对话框中，在属性栏中定义样式名称与样式类型；在格式栏中设置字体格式与段落格式，如果默认格式不能满足使用者的需要，还可以单击下方的"格式"按钮，进行字体、段落、制表位、边框、语言、图文框、编号、快捷键、文字效果等的设置，设置完成后，选择"添加到样式库"复选框。

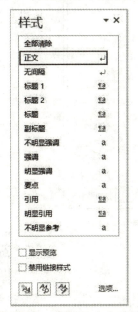
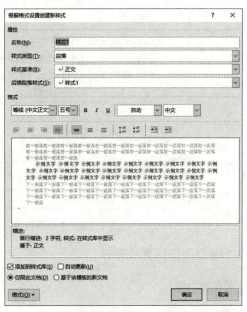

图 1-153　"样式"任务窗格　　图 1-154　"根据格式设置创建新样式"对话框

③ 单击"确定"按钮完成创建。

2. 样式的应用

要把自定义好的样式应用到文本上，操作非常简单。

1）选中要修改的文本。

2）单击快速样式列表中相应的样式，完成样式的应用。

3. 样式的修改

在把样式应用到文本上之后，如果需要统一修改标题或正文的格式设置，用户无须到文档中进行修改，只要修改样式，就可以直接将属于这个样式下的所有文本修改过来了。

操作步骤如下：

1）在快速样式列表中选择需要修改的样式。

2）单击鼠标右键，在弹出的菜单中选择"修改"命令。

3）在弹出的如图1-155所示的"修改样式"对话框中，在属性栏修改样式的名称；在格式栏修改文本的格式，修改的方法同设置时相同。

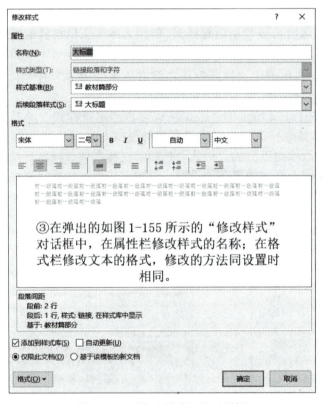

图1-155 "修改样式"的对话框

4）单击"确定"按钮完成修改。

二、目录的生成

扫码观看视频

长文档通常需要目录，如果按照文档内容一一进行目录的录入，需要耗费大量对照与查找的时间，这样会大大降低排版速度。使用目录的生成功能就可以快速的自动生成文档目录。

1．目录生成的方法

选项卡方法——单击"引用"选项卡中"目录"选项组中"目录"下拉列表中"自定义目录"按钮。

2．目录生成的步骤

1）将文档视图模式改为大纲视图，如图 1-156 所示。

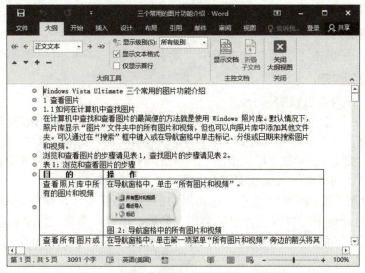

图 1-156　将文档视图模式改为大纲视图

2）选中需要修改级别的文本，将其大纲级别修改为正文文本以外的 1 级、2 级、3 级等。

3）关闭大纲视图。

4）单击"引用"选项卡中"目录"选项组中"目录"下拉列表中"自定义目录"按钮，弹出如图 1-157 所示的"目录"对话框。在目录对话框中进行显示页码、前导符、目录的格式及显示级别的设置。

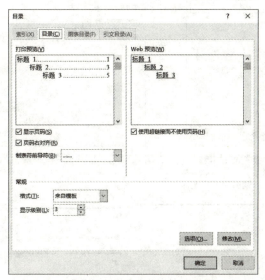

图 1-157　"目录"对话框

5）单击"确定"按钮完成设置。

三、索引的生成

在外文书籍当中，大家经常看到附录当中的索引，它把书刊中的主要概念或各种题名摘录下来，标明出处、页码，并且按一定次序（一般为音序）分条排列。这给读者提供了极大的方便，就笔者的一点经验而言，如果想要"投机取巧"在某本书中有针对性地只查阅部分内容的话，我们可以或是先看目录选择章节，或是查阅索引按图索骥，一般来说，后者的针对性更强一些。

扫码观看视频

1．索引生成的方法

选项卡方法——单击"引用"选项卡中"索引"按钮。

2．索引生成的步骤

1）首先选中作为索引词的部分。

2）单击"引用"选项卡中"索引"选项组中的"标记索引项"，弹出如图1-158所示的"标记索引项"对话框，在主要索引项的文本框中会自动显示所选的文本，单击"标记"按钮，所选文本将会被标记为索引项；单击"标记全部"，文档中的所有该索引项文本都会被标记为索引项。

3）将光标移动到需要插入索引目录的位置。

4）单击"引用"选项卡中"索引"选项组中的"插入索引"，弹出如图1-159所示"索引"对话框，在对话框中可以设置索引的类型、栏数、语言、类别、排序依据、格式等属性，设置完成后，单击"确定"按钮完成索引的插入，完成效果如图1-160所示。

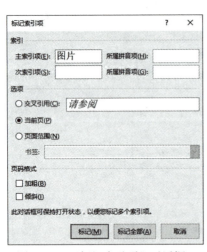

图1-158 "标记索引项"对话框

图1-159 "索引"对话框

图1-160 索引目录完成效果图

四、Word 2016 的实时协作功能

Word 2016 中有一个新的功能，那就是强大的实时协作功能，这个功能可以在不同的计算机上处理同一个文件，比如，在家中的文档，想到办公室的计算机上继续处理，而不用 U 盘复制来复制去，那么一定要学习使用这个功能。

实时协作功能的操作步骤：

1）首先运行 Word 2016，将要共享的文档打开。然后点击右上角的"共享"，然后再点击"保存到云"，如图 1-161 所示。

2）在新窗口下选择 OneDrive，然后点击下面的"登录"按钮，如图 1-162 所示。

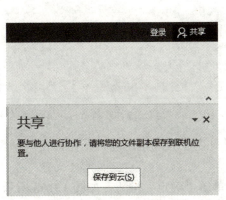

图 1-161　保存到云操作步骤 1　　　　图 1-162　保存到云操作步骤 2

3）输入微软账号，然后单击"下一步"按钮，如图 1-163 所示。

4）然后输入微软账号，单击"登录"按钮，如图 1-164 所示。

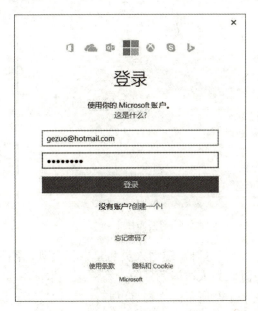

图 1-163　保存到云操作步骤 3　　　　图 1-164　保存到云操作步骤 4

5）登录成功后，会看到一个"OneDrive-个人"的文件夹，单击它，如图1-165所示。

6）在新弹出的窗口中，将文件进行保存，并单击"保存"按钮。这时候文件保存在OneDrive上了，如图1-166所示。

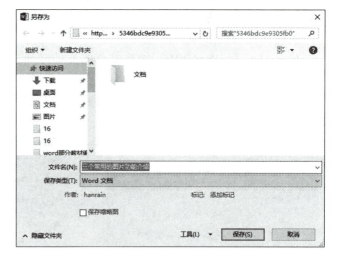

图1-165　保存到云操作步骤5　　　　图1-166　保存到云操作步骤6

7）保存好后，界面就又回到了刚才的页面，这时可以看到共享功能已经可以使用了。点击邀请成员后面的按钮，如图1-167所示。

8）在弹出的窗口中，选择要共享的联系人，然后单击"确定"按钮，如图1-168所示。

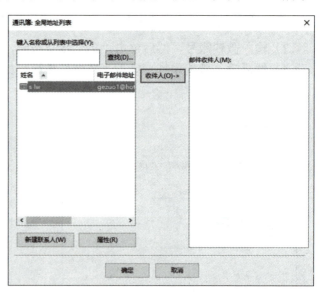

图1-167　保存到云操作步骤7　　　　图1-168　保存到云操作步骤8

9）这时，邀请人员名单中将会列出刚刚选择的联系人的电子邮件，在下方的列表框中设置联系人访问的权限，在消息文本框中输入发送的消息，单击共享，完成文档的共享，如图1-169所示。文档将以邮件的形式发送给其他联系人。其他联系人可以在邮箱中访问并按照要求编辑文档，完成Word 2016的文档排版的实时协作功能。

图 1-169　保存到云操作步骤 9

 **我来试一试**

素材文件："三个常用的图片功能介绍 .docx""索引词 .txt""图 5.jpg""图 7-1.jpg""图 7-2.jpg""图 7-3.jpg""office. jpg"均在文件夹"Word 学习 \16"中。

1）设置各级标题的样式格式，要求如下：

①标题 1：中文字符黑体，英文字母 Arial，小初，加粗，段前 0 行，段后 0 行，单倍行距。

②标题 2：黑体，小二，加粗，段前 1 行，段后 0.5 行，1.2 倍行距。

③标题 3：宋体，三号，段前 1 行，段后 0.5 行，1.73 倍行距。

④标题 4：黑体，四号，段前 7.8 磅，段后 0.5 行，1.57 倍行距。

⑤正文：中文字符与标点符号宋体，英文字母 Times New Roman，小四，段前 7.8 磅，段后 0.5 行，1.2 倍行距。

2）第 1 页为封面页，插入样式为标题 1 的标题"Windows Vista Ultimate 三个常用的图片功能介绍"，该页不显示页码。

3）第 2、3 页为目录页，插入自动生成的目录和图表目录，页码格式为罗马数字格式Ⅰ、Ⅱ。

4）"Windows Vista Ultimate 三个常用的图片功能介绍"的正文内容起于第 4 页，结束于第 12 页，第 13 页为封底。这一部分内容的排版要求如下。

①为文档添加可自动编号的多级标题，多级标题的样式类型设置如下。

1　　　标题 2 样式

1.1　　标题 3 样式

1.1.1　标题 4 样式

②插入页眉"Windows Vista Ultimate 三个常用的图片功能介绍"，页脚为页码，页码格式为"1""2""3"等。

③为正文部分的第 1 页和第 4 页添加脚注。

④将表格 1 和表格 2 中的文字字号设置为五号，所在页面方向设置为横向，并且页边距设置为上下页边距 1.5cm，左右页边距 2cm，然后参照"长文档排版样张 .docx"对表格进行边框与底纹的美化。

⑤ 请使用给定的素材片"图 5.jpg",在正文部分第 4 页插入图片并进行调整,实现"长文档排版样张 .docx"文件中的显示效果。

⑥ 请使用给定的素材图片"图 7-1.jpg""图 7-2.jpg""图 7-3.jpg",在正文部分第 8 页插入图片并进行设置,实现"长文档排版样张 .docx"文件中的显示效果。

⑦ 在正文部分第 9 页插入自动生成的索引,索引词见"索引词 .txt"。

⑧ 使用图片素材"office.jpg"制作封底,封底不显示页眉页脚。

> **注意**:文档各个部分的页眉与页脚是不同的,需要将文档的各个部分分节(插入分节符),在插入页眉和页脚后,单击"页眉和页脚工具设计"选项卡中"导航"选项组中的"链接到前一条页眉",取消和上一节页眉或页脚的链接,重新输入新的页眉和页脚。

我来归纳

通过长文档的排版练习,可以复习巩固 Word 知识点,增强综合应用能力及创新能力的培养,同时培养学生的协作能力。

一、单项选择题

1. 保存的快捷键是( )。
   A. Shift+S B. Alt+S C. Ctrl+S D. Ctrl+Shift+S
2. 下面哪个视图能真正显示打印效果?( )
   A. 大纲视图 B. 页面视图 C. 阅读视图 D. Web 版式
3. 用下列哪个功能可以对录入文档进行校对?( )
   A. 批注 B. 翻译 C. 比较 D. 拼写和语法
4. 在 Word 中,要删除整个表格,以下哪个操作是正确的?( )
   A. 按 <Delete> 键 B. 按 <Backspace> 键
   C. 橡皮擦 D. "表格工具布局"→"删除"→"删除表格"
5. 一个同学正在撰写毕业论文,在进行格式设置时,一般要对不同级别的标题设置( )。
   A. 样式 B. 字体格式 C. 段落格式 D. 边框和底纹

二、多项选择题

1. 在 Word 中,插入的对象可以是哪些?( )
   A. 图片 B. 形状 C. 艺术字 D. 符号
2. 想打印 1、2、3、8、10 页可以在页面范围内如何输入?( )
   A. 1-3,8,10 B. 1-3、8、10
   C. 1,2,3,8,10 D. 1-3,8,10

3. 下列关于格式刷的说法，正确的有（　　　）。
   A．单击格式刷，仅可以进行一次格式复制
   B．双击格式刷，可以进行多次格式复制
   C．格式刷的作用是复制选中对象的格式，然后将其应用到其他对象
   D．格式刷只能复制文本格式
4. Word 中的缩进包括（　　　）。
   A．左缩进　　　　B．右缩进　　　　C．首行缩进　　　　D．居中缩进
5. 下列关于页眉页脚，说法正确的是（　　　）。
   A．页码可以插入在页面的任何位置
   B．插入的对象在同一节的每页中都可见
   C．页码可以直接输入
   D．可以通过双击页眉和页脚编辑区的方式进入页眉和页脚编辑状态

三、填空题

1. 在 Word 文档中，要使文本环绕图片产生图文混排的效果，应该选择图片格式设置的（　　　）功能。
2. 如果文档很长，那么用户可以用 Word 提供的（　　　）技术，同时在两个窗口中滚动查看同一文档的不同部分。
3. 如果要用椭圆工具画出正圆，应同时按（　　　）键。
4. 在 Word 编辑中，模式匹配查找中能使用的通配符是（　　　）和（　　　）。
5. 在 Word 中，给所选定的文本字体设置为加粗的操作是单击"格式"工具栏中的（　　　）按钮。

四、判断题

1. （　）Word 的查找和替换功能仅能实现对文本的查找和替换。
2. （　）脚注和尾注没有区别。
3. （　）Word 中可以实现目录的自动生成。
4. （　）Word 中的样式只可以设置字体格式。
5. （　）页边距可以通过标尺来设置。

五、问答题

1. 请列举段落对齐的 5 种对齐方式。
2. 请简述邮件合并的操作步骤。
3. 请列举在 Word 中插入计算机中的图片的几种方法。
4. 请简述在 Word 中插入一个分页符的方法有哪些？
5. 在 Word 中，选中全文的方法有哪几种？

第 2 篇　电子表格（Excel 2016）

球球发言

豆子已经学习完了 Office 2016 中 Word 文字处理软件了，他对学习 Office 2016 的兴趣越来越浓，早就听说 Office 2016 还有其他组件，先学哪一个呢？老师向他推荐先学习电子表格 Excel 2016，那么球球又是和他怎么说的呢？

豆子： 在 Word 2016 中已经学习过表格的有关操作了，为什么还要学习电子表格呢？

球球： Word 中的表格可以很方便地进行表格的格式化和简单的数据运算，但是还有专门对数据处理和分析的软件，那就是电子表格 Excel 2016。Excel 2016 可以更快捷地处理和分析数据，在人们的日常生活、学习和工作中应用很广泛。

豆子： 学生就经常接触一些数据，比如班级中学生自然情况的数据，学生各科考试后所产生的数据等，这些都可以用 Excel 2016 来处理吗？

球球： 当然可以，而且使用起来更简单。Excel 2016 也很容易学会！

豆子： 那么 Excel 2016 的具体功能是什么呢？可以做哪些工作？

球球： 可以在 Excel 2016 中输入和编辑数据；可以对工作表中的数据进行各种数据运算；可以对工作表中的数据进行排序、筛选、分类汇总；可以分析表中的数据；还可以生成图表直观地显示数据。当然也可以美化工作表，使工作表在打印出来之后更漂亮！总之，Excel 2016 功能强大，简单易学。

❖ 本篇重点

1）掌握电子表格 Excel 2016 应用程序界面的组成。
2）理解并掌握编辑工作表的基本方法。
3）掌握格式化单元格、美化工作表的方法。
4）掌握表格中数据运算方法，重点掌握编辑公式中单元格的引用和常用函数的使用。
5）重点掌握数据的排序、筛选、分类汇总。
6）初步掌握数据的合并、数据透视表。
7）掌握图表的创建和编辑。
8）掌握工作表中插入图片、图形、艺术字和文本框的方法。

第 2 篇 电子表格（Excel 2016）

案例 1 "我"的与众不同——Excel 图形界面

【教学指导】

由任务引入，演示讲解 Excel 启动、退出、工作界面、视图方式以及其新增功能，讲解工作簿与工作表的关系，说明工作表添加及工作表操作方式方法，为以后学习工作表的其他内容打下良好基础。

【学习指导】

 任务

豆子初中毕业后来到了一所计算机中等职业技术学校，在所学课程中豆子最喜欢学计算机方面的课。他的 Windows 操作系统、打字、Word 课程的成绩都很好，尤其是 Word。自从学习了 Word 后豆子一直都想了解微软 Office 的其他软件，听老师说 Excel 是一款很好用的 Office 软件，尤其对处理数据有很大的帮助。到底 Excel 窗口与 Word 有什么不同呢？它应该如何使用呢？接下来就和豆子一起进入 Excel 的学习吧！

 知识点

一、熟悉 Excel 2016 的工作界面

Excel 2016 窗口如图 2-1 所示，其中编辑区是 Word 中所没有的。

扫码观看视频

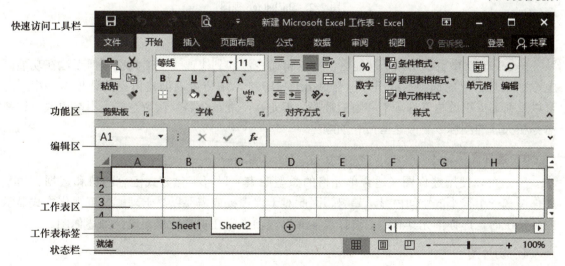

图 2-1　Excel 2016 窗口

二、Excel 2016 的新增功能

1. Backstage 视图

Backstage 视图是 Excel 2016 程序中的新增功能，它是 Microsoft Office Fluent 用户界面的最新技术，并且是功能区的配套功能。选择"文件"选项卡，即可访问 Backstage 视图，用户可以在此打开、保存、打印、共享和管理文件，还可以设置程序选项，如图 2-2 所示。

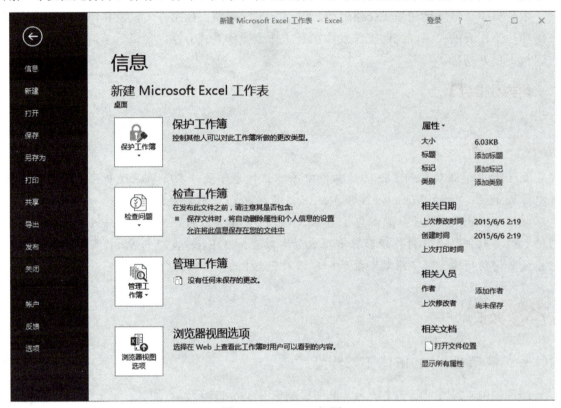

图 2-2　Backstage 视图

2. 自定义

Excel 2007 中首次引入了功能区，可以将命令添加到快速访问工具栏，但无法在功能区上添加用户自己的选项卡或组。但在 Excel 2016 中，用户可以创建自己的选项卡和组，还可以重命名或更改内置选项卡和组的顺序。但是，不能重命名默认命令，也不能更改与这些命令相关联的图标或更改这些命令的顺序。

3. 迷你图

用户可以使用迷你图（适合单元格的微型图表）以可视化方式汇总趋势和数据。由于迷你图在一个很小的空间内显示趋势，因此对于仪表板或需要以易于理解的可视化格式显示业务情况时，迷你图尤其有用。选择"插入"选项卡，在功能区里即可找到迷你图。

4. 切片图

切片器是 Excel 2016 中的新增功能，它提供了一种可视性极强的筛选方法来筛选数据

透视表中的数据。一旦插入切片器,用户即可使用按钮对数据进行快速分段和筛选,用来显示所需要的数据。

5. 粘贴预览

用户可以在 Excel 2016 中或多个其他程序之间重复使用内容以节省时间。用户可以使用此功能预览各种粘贴选项,如"保留源列宽""无边框"或"保留源格式"。通过实时预览,可以在将粘贴的内容实际粘贴到工作表中之前预览此内容的外观。当将鼠标指针移到"粘贴选项"上方预览结果时,将看到一个菜单,其中所含菜单项将根据上下文而变化,以更好地适应要使用的内容。

6. 数据透视图增强功能

当在 Excel 表格、数据透视表和数据透视图中筛选数据时,用户可以使用新增的搜索框,该搜索框可以让用户在大型工作表中快速找到所需的内容。

三、工作簿与工作表关系

一个工作簿既为一个 Excel 文件,工作簿名为文件名,新建的工作簿文件名默认为:工作簿1。工作表置于工作簿内部,相当于教师教案页,而工作簿相当于教师的教案夹见表 2-1。

表 2-1　工作簿与工作表

工作簿	默认含工作表个数	最少含工作表个数	最多含工作表个数
	3（Sheet1，Sheet2，Sheet3）	1	255
工作表	包含行数	包含列数	
	1048576 行（1～1048576）	16384 列（A～XFD）	

四、工作表操作

工作表的操作见表 2-2。

表 2-2　工作表的操作

扫码观看视频

功　能	菜单方式	其他方式	
插入	执行"开始"→"插入"。	单击任意一个工作表标签,右击,弹出快捷菜单,选择"插入"命令。快捷键:按 <Shift+F11> 组合键	
复制	执行"开始"→"格式"→"移动或复制工作表"。	单击任意一个工作表标签,右击,弹出快捷菜单,选择"移动或复制工作表"命令	按 <Ctrl> 键 + 拖动工作表标签
移动	执行"开始"→"格式"→"移动或复制工作表"。	单击任意一个工作表标签,右击,弹出快捷菜单,选择"移动或复制工作表"命令	单击拖动要移动的标签到合适位置处
重命名	执行"开始"→"格式"→"重命名工作表"。	"双击"选中的工作表标签,反黑显示,输入新的名字 "三击"选中工作表标签,插入状态,修改名字	
删除	执行"开始"→"删除"→"删除工作表"。	单击任意一个工作表标签,右击,弹出快捷菜单,选择"删除"	
选择	单个工作表:单击工作表标签。	多个:<Ctrl> 键 + 单击其他工作表标签。	多个连续:<Shift> 键 + 单击结尾工作表标签	全部:单击任意一个工作表标签,右击,弹出快捷菜单,选"选定全部工作表"
隐藏	单击"开始"→"格式"→"隐藏和取消隐藏"→"隐藏工作表"		

 操作步骤

1）选择"开始"→"所有程序"→"Microsoft office"→"Excel 2016"命令。
2）观察快速访问工具栏、功能区、工作窗口与 Word 不同之处。
3）观察工作簿与工作表的关系。
4）分别使用表 2-2 提供各种方法进行工作表的操作。

扫码观看视频

> 注意：
> 一定要先选定后操作。

 我来试一试

1）新建一个工作簿，并命名为"新的工作簿"。
2）将工作簿中 Sheet1 工作表重命名为"学生成绩"。
3）复制工作表：在"学生成绩"工作表中简单输入一些数据后，将其复制到 Sheet2 中。
4）插入新工作表"Sheet4"。
5）删除工作表 2。
6）交换"学生成绩"工作表和"Sheet4"工作表的位置。

 我来归纳

保存工作簿与保存 Word 文档相似，自己试一下就可以了。保存了工作簿，工作表也就同时被保存，且同时将工作簿内所有工作表都保存了。在对工作表进行操作时一定要明确要做的是什么，然后再操作。

 案例 2 我来小试牛刀——制作表格

【教学指导】

以建立一个简单表格为例，重点讲解文字、数字、日期、时间等数据的录入方法。演示讲解单元格命名规则及单元格区域的选定方法，并教会学生如何在 Excel 中查找和替换。

【学习指导】

 任务

刚开始学习 Excel，老师就让豆子在 Excel 中建立工作簿，制作班级的学籍管理表格，如图 2-3 所示。虽然豆子有一定的 Word 基础，但对 Excel 表格的输入还不太了解。输入文字当然不成问题，但日期怎么输入呢？怎么保留小数位数？输错了怎么替换？这可让豆子大

伤脑筋。这时老师来到了豆子的旁边，在老师的指导下，豆子顺利地学会了数据的录入等操作，真开心啊！

图 2-3 样表

知识点

一、单元格命名及区域选定

扫码观看视频

单元格：工作表中行与列的交叉处的区域称为单元格，它是 Excel 2016 进行工作的基本单位。

单元格命名规则：单元格是按照单元格所在的行列位置来命名的，且先列后行。例如，B2，它代表第二行第二列交叉点上的单元格。

单元格区域命名规则：连续的单元格区域，可以用"区域左上角：区域右上角"，例如，"B2：D4"表示从 B2 单元格到 D4 单元格为对角线的区域。

活动单元格：每张工作表只有一个单元格是活动单元格，特点是四周有粗线框。

定义单元格名称：如果不想使用那些不直观的单元格地址，可以将其定义成一个名称。名称是建立一个易于记忆的标识符，可代表一个单元格、一组单元格、数值或公式。

方法：先选定，然后单击"公式"选项卡中定义的名称"选项组中的定义名称"命令，在"名称"文本框中输入一个名称。最后单击"确定"按钮。

选定单元格的方法见表 2-3。

表 2-3 选定单元格区域

选定对象	方 法
选定一个单元格区域	将鼠标指向该区域的左上角单元格，按住左键，然后沿对角线从第一个单元格拖动到最后一个单元格，放开左键即可。如图 2-4 所示
选定不相邻的单元格区域	先选定第一个单元格区域，按住 <Ctrl> 键，再选定其他单元格区域，如图 2-5 所示
选定行	请单击该行的行号按钮，如图 2-6 所示
选定列	请单击该列的列标按钮，如图 2-7 所示
选定相邻的行或列	请在行号或列标上拖动
选定整个工作表	"全选"按钮（位于行号与列标左上角的交叉处），如图 2-8 所示
取消选定	选定单元格区域后，在选定区域以外的任意单元格上单击鼠标，则原有的选定被取消

图 2-4 选定单元格区域

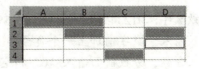

图 2-5 选定不相邻单元格

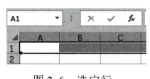 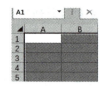

图 2-6　选定行　　　　图 2-7　选定列　　　　图 2-8　选定整个工作表

二、数据录入

Excel 2016 中，录入的数据类型及其确认与移动，见表 2-4 和表 2-5。

扫码观看视频

表 2-4　数据类型

数据类型	方　式	包　　含	
常量	直接录入	数字：日期、时间、货币、百分比、分数、科学计数法	文字
公式	以"="开头	公式是一个常量值、单元格引用、名字、函数或操作符的序列	

表 2-5　确认与移动

确　认　录　入	指针移动下一单元格
按下 <Enter> 键，且自动移动到下方一个单元格	<Tab+✥>

1. 输入文字

对齐方式：左对齐。

1）单击要输入文字的单元格。

2）输入文字。

3）单击编辑栏上"输入"按钮，或 <Enter> 键、<Tab> 键或箭头键完成输入。

> 注意：
> 1）宽度处理：默认宽度为 8 个字符。超过单元格宽度时，如果紧接在右边的单元格是空的，则 Excel 将该文字项全部显示。如果其右边单元格中已有内容，则超出列宽的内容被隐藏（但没有丢失）。
> 2）数字组成的字符串：输入时以"'"开头后接数字字符，例如，"'123"。

2. 输入数字

对齐方式：右对齐。

1）单击要输入数字的单元格。

2）输入数字。

3）单击编辑栏上的"输入"按钮，或按 <Enter> 键、<Tab> 键或箭头键完成输入。

> 注意：
> 1）有效数字：0123456789+ - ( ) / ￥ $%., Ee。
> 2）负数输入：数字前加上一个负号。
> 3）输入分数：分数前面输入"0"和空格，否则表示日期；例如，"0_1/5"，不以 0 开头，则 EXCEL 视为日期，表示"1 月 5 日"。

4）输入百分数，先输入数字，再加"%"。

5）显示"####"或科学计数法时，表示列宽不够，只要改变数字格式或改变列宽即可。

6）"货币""会计专用"等格式，在工具栏上设置即可。

3．输入日期时间

对齐方式：右对齐。

1）单击要输入日期或时间的单元格。

2）以要显示的格式输入日期或时间。

3）单击编辑栏上"输入"按钮，或按 <Enter> 键、<Tab> 键或箭头键完成输入。

注意：

1）常规：输入可识别的日期和时间时，自动从"常规"格式转换为相应的"日期"或"时间"格式，而不用专门设置。

2）12 小时时钟显示：需键入 am 或 pm，否则会自动使用 24 小时显示时间。

3）同一单元格中显示日期和时间：二者之间必须用空格分隔。

4）日期分隔符：斜杠（/）或连字符（-）来分隔年、月、日。

三、表中查找替换数据

1）查找命令：单击"开始"选项卡中"编辑"选项组中"查找和选择"按钮。在"查找内容"框中输入要查找的字符串。注意查找目标中最多可输入 255 个英文字符，如图 2-9 所示。

扫码观看视频

2）替换命令：单击"开始"选项卡中"编辑"选项组中"查找和选择"按钮。在"查找内容"框中输入要查找的字符串，然后在"替换为"中输入要替换的内容，如图 2-10 所示。

图 2-9 "查找"对话框　　　　　　图 2-10 "替换"对话框

 操作步骤

1）新建一个工作簿，在 Sheet1 中输入如图 2-3 所示内容。

2）注意数据的对齐方式，以确定其是数值型数据还是数值的字符串数据。

3）在如图 2-3 所示的工作表中进行查找与替换，将姓名"丁宇"找到后替换成"丁扬"。

我来试一试

1）新建一个工作簿，在 Sheet1 中输入如图 2-11 所示的内容，在 Sheet2 中输入如图 2-12 所示的内容，在Sheet3中输入如图2-13所示的内容（注意：只输入内容不用对表格进行格式化）。

	A	B	C	D	E	F	G	H	I	J	K
1	班级	学号	姓名	性别	出生日期	录取成绩	语文	数学	英语	计算机	来源
2	0301	030101	孙娜	女	1988-5-6	588.5	78	89	97	94	吉林市
3	0301	030102	孟帅	男	1988-3-5	494	87	95	80	73	永吉
4	0301	030103	何雪	女	1986-8-23	499.9	78	87	87	71	吉林市
5	0301	030104	李雷	女	1985-6-23	478	87	98	88	81	桦甸
6	0302	030201	张柏扬	女	1987-3-23	485	87	100	89	62	吉林市
7	0302	030202	丁扬	女	1986-2-9	489	87	69	91	68	磐石
8	0302	030203	王博	男	1987-7-12	510	87	78	87	79	吉林市
9	0303	030301	刘冰	女	1988-12-23	456	78	83	93	73	吉林市

图2-11 样表

	A	B	C	D	E	F	G
1	学号	姓名	性别	劳动	纪律	卫生	出勤
2	030201	刘丽丽	女	9.8	10	10	9.8
3	030202	韩晓莫	女	-2.58	10	9.8	8.88
4	030203	李飞	男	10	9.8	8.88	9.8
5	030204	迟宏阳	女	9.8	8.88	8.88	8.88
6	030205	王英宇	女	8.88	9.8	9.8	9.8
7	030206	江山	男	9.8	10	9.8	
8	030207	张明	男	8.88	10	9.8	9.8
9	030208	刘茜	女	9.8	9.8	8.88	10

图2-12 样表

	A	B	C	D	E	F	G	H	I	J
1	学号	姓名	性别	出生日期	录取成绩	语文	数学	英语	计算机	来源
2	030101	孙娜	女	1988-5-6	588.5	78	89	97	94	吉林市
3	030102	孟帅	男	1988-3-5	494	87	95	80	73	永吉
4	030103	何雪	女	1986-8-23	499.9	78	87	87	71	吉林市
5	030104	李雷	女	1985-6-23	478	87	98	88	81	桦甸
6	030105	张柏扬	女	1987-3-23	485	87	100	89	62	吉林市
7	030106	丁扬	女	1986-2-9	489	87	69	91	68	磐石
8	030107	王博	男	1987-7-12	510	87	78	87	79	吉林市
9	030108	刘冰	女	1988-12-23	456	78	83	93	73	吉林市

图2-13 样表

2）在Sheet2中将姓名这一列单元格区域命名为“姓名”，然后在“编辑栏”中选择该区域。

3）在Sheet3中查找数据“王博”并替换成“王宇”。

我来归纳

观察输入数据时数据的对齐方式及一些特殊数据的录入方法，掌握对数据的地址引用及名称的正确引用，这样会对以后的学习有很大的帮助。

案例3 我来编辑工作表——编辑工作表

【教学指导】

由任务引入，演示讲解编辑单元格中的数据、编辑对象的移动、复制；编辑对象的撤销与恢复；编辑对象的删除与清除；对象插入的知识要点及操作方式，使学生学会并熟练掌握编辑工作表的方法。

【学习指导】

任务

老师给了豆子一个未完成的课程表，让豆子完成它。“想考我吧？”豆子暗自在心中想，“看我怎么来完成它，而且会用很巧妙的方法！”，如图2-14和图2-15所示。

	A	B	C	D	E	F
1		星期一	星期二	星期四	星期五	星期三
2	1	语文				
3	2	数学				
4	3	英语				
5	4	体育				
6	5	自习				
7	6	计算机				
8	7	心理				
9	8	政治				
10	9	音乐				

图 2-14　样表

	A	B	C	D	E	F
1		星期一	星期二	星期三	星期四	星期五
2	1	语文	计算机	英语	数学	英语
3	2	语文	计算机	英语	数学	英语
4	3	英语	数学	数学	计算机	计算机
5	4	英语	数学	数学	计算机	计算机
6	5	心理	体育	音乐	政治	自习
7	6	自习	自习	自习	自习	自习

图 2-15　效果表

想知道豆子是怎么做出来的吗？先来看看知识点吧！

知识点

一、编辑单元格中的数据

1．在单元格内修改

1）编辑状态。

① 先选中编辑单元格。

② 按 <F2> 或双击单元格，出现插入点。

③ 按键盘上左、右光标键移动插入点至编辑处，然后按 <Backspace> 键删除插入点前的字符，或按 <Delete> 键删除插入点之后的字符。

④ 输入正确内容后，按 <Enter> 键确定修改。

2）如果要新内容取代原内容，则只需选定后输入新内容即可。

2．在编辑栏中修改

1）先选中编辑单元格，使其成为活动单元格。

2）将鼠标指向编辑栏，鼠标呈 I 形。

3）在所需位置单击左键，该位置出现插入点。

4）对编辑栏中内容进行修改后单击"确定"按钮或按 <Enter> 键确定此次修改。

扫码观看视频

二、移动对象

1．使用拖拽方法移动单元格数据

1）先选定目标单元格或区域。

2）鼠标指针指向选定区域的边框，指针变为十字花箭头。

3）按住左键并拖至新位置，Excel 显示一个虚线框和位置提示用以定位。

4）松开左键，选定数据会出现在新位置处，原位置数据消失。如目标单元格中有数据，松开左键时会出现"此处已有数据。是否替换它？"的警告。

2．使用剪贴板方法移动单元格数据

1）先选定目标单元格或区域。

2）单击"开始"选项卡中剪贴板区域的 ✂ 按钮，或快捷键 <Ctrl+X> 组合键。此时，选定区域被动态的虚线框包围。

3）选定目标区域的左上角的单元格。

4）单击"开始"选项卡中剪贴板区域的 📋 按钮，或按 <Ctrl+V> 组合键。

3．移动列与行

1）选定要移动的行或列。

2）单击"开始"选项卡中剪贴板区域的按钮 ✂，或右键选择快捷菜单中的"剪切"命令。

三、复制对象

复制对象的方法见表 2-6。

表 2-6 复制对象

复制对象	方　　法	
	拖　　拽	剪　贴　板
单元格数据	1）先选定目标单元格或区域 2）鼠标指针指向数据选定框，指针为斜向箭头 3）按住 <Ctrl>+ 鼠标左键拖至目标位置。Excel 显示一个线框和位置提示，用以定位 4）松开左键和 <Ctrl> 键后，在新位置出现一个复本	1）先选定目标单元格或区域 2）单击"开始"选项卡中剪贴板区域的 按钮。此时，选定区域被动态的虚线框包围 3）选定目标区域的左上角单元格
列与行	1）选定要复制的行或列 2）单击"开始"选项卡中剪贴板区域的 按钮或右击，选择快捷菜单中的"复制"命令	
特定内容	仅对单元格中公式、数字、格式进行复制	1）选定要复制单元格 2）单击"开始"选项卡中剪贴板区域的 按钮或右击，选择快捷菜单中的"复制"命令 3）选定目标区域单元格 4）"开始"选项卡中剪贴板区域，选择所要粘贴方式 5）单击"确定"

四、插入对象

插入对象的方法见表 2-7。

扫码观看视频

表 2-7 插入对象

插入对象	方　　法
单元格数据	1）在要插入单元格的位置选定单元格，Excel 将根据被选单元格数目决定插入单元格的个数 2）单击"开始"选项卡中"单元格"选项组中的"插入"按钮，或右键选择"插入"命令 3）在"插入"对话框中选择一个选项 4）单击"确定"按钮
行与列	1）在新行（或列）将出现的地方选择一个单元格或选定一整行（或列） 2）单击"开始"选项卡中"单元格"选项组中的"插入"按钮，选拔需要的行与列

五、清除对象

1．单元格

1）选定要删除的单元格区域。

2）单击"开始"选项卡中"单元格"选项组中的"删除"按钮。

3）在"删除"下拉菜单中选择一个选项。

4）单击"确定"按钮。

> **注意：** 此操作将单元格本身及内容等全部删除。按 <Delete> 键同样有删除作用，但只删除单元格中的内容。

2. 删除整行与整列

1）单击要删除的行号（或列号）以选定一行（或列）。

2）单击"开始"选项卡中"单元格"选项组中"删除"按钮，在"删除"下拉菜单中选择。

六、编辑对象的撤销与恢复

在编辑中经常出现误操作，解决误操作的简单方法是单击"撤消"按钮  和"恢复"按钮 进行操作。其操作同 Word 2016，在此不再赘述了。

操作步骤

1）新建一个工作簿，在 Sheet1 中输入如图 2-14 所示内容。

2）用移动的方法调整星期顺序，用移动、复制和粘贴、清除内容的方法将如图 2-14 所示的未完成的课表做成如图 2-15 所示的效果。

> **注意：** 操作过程中要及时保存，以免机器出现问题时数据丢失。

我来试一试

1）新建一工作簿，在 Sheet1 中输入如图 2-16 所示的杂志列表，并在下方标注"列表 1"（见"试一试"原件文件夹下的"案例 3.xlsx"）。

2）用复制粘贴的方法将杂志列表中各种图书按照阅览的频度在给定杂志列表旁进行重排，并在下方标注"列表 2"。

3）大家在平时一定会看好多杂志，把平时常看的杂志加进来至少 3 个，再制作一个杂志列表，并按阅览频度进行重排，在下方标注"列表 3"。

4）在"列表 3"中删除未看过和不喜欢看的杂志，并整理列表 3，效果如图 2-17 所示。

图 2-16　样表

图 2-17　效果表

我来归纳

练习中出现的编辑单元格中的数据，编辑对象的移动、复制，编辑对象的撤销与恢复等操作与 Word 是一样的,需要注意的是编辑对象的删除与清除要合理使用。对了,豆子还有一个更好的处理这个问题的方法,想知道它是什么吗?那就是"快速填充",案例 5 中有详细的介绍噢!

案例 4 我给国王做新装——工作表格式化

【教学指导】

由任务引入,演示讲解单元格格式化、条件格式化、自动套用格式、使用样式,使学生学会并熟练掌握修饰工作表的方法。

【学习指导】

任务

用 Excel 做表格很方便,豆子打算制作一个如图 2-18 所示的日历,让普通的日历看起来更有特色。下面就同豆子一起来设置日历,对样式进行修饰,修改表格框线,添加底纹,调整对齐方式,设置字体。这么漂亮的日历,不管是自己用还是送给朋友都不错!

图 2-18 日历样表

知识点

一、单元格格式化

扫码观看视频

1)单元格格式功能区与第 1 篇 Word 2016 的功能与操作相同,这里就不再重复介绍。

2)"设置单元格格式"对话框。单击"开始"选项卡中"单元格"选项组中"格式"下拉列表中"设置单元格格式"命令(快捷键:<Ctrl+1>),出现"设置单元格格式"对话框,如图 2-19 所示。

该对话框中的"数字"选项卡提供了格式化数字的功能,"对齐"选项卡提供对齐数据的功能,"字体"选项卡提供格式化字体的功能,"边框"选项卡提供设置表格线的功能,"填充"选项卡提供设置底纹图案和颜色的功能,"保护"选项卡提供保护数据的功能。使用

"单元格格式"对话框可对工作表进行格式化。

图 2-19 "设置单元格格式"对话框

二、条件格式

设置条件格式的步骤如下：

1）选择要设置格式的单元格。

2）单击"开始"选项卡中"样式"选项组中"条件格式"下拉列表中"新建规则"按钮，出现如图 2-20 所示的对话框。

3）在"选择规则类型"中选择"只为包含以下内容的单元格设置格式"，单击"单元格值"选项，接着选定比较词组，如图 2-21 所示。

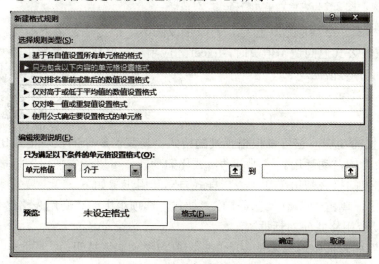

图 2-20 "新建格式规则"对话框

图 2-21 格式条件

4）在合适的文本框中输入数值。输入的数值可以是常数，也可以是公式，公式前要加上等号"="。除了单元格中的数值外，如果还要对选定单元格中的数据或条件进行评估，则可以使用公式作为格式条件。单击左面框中的"公式为"，在右面的框中输入公式。公式最后的求值结果必须可以判断出逻辑值为真或假。

5）单击"开始"选项卡中"单元格"选项组中"格式"下拉列表"设置单元格格式"按钮，出现如图 2-22 对话框。

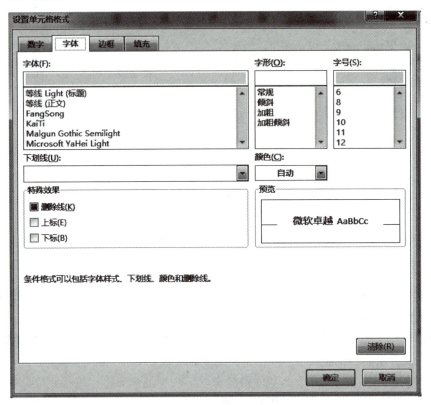

图 2-22 "设置单元格格式"对话框

6）选择要应用的字体样式、字体颜色、边框、背景色或图案，指定是否带下划线。只有单元格中的值满足条件或是公式返回逻辑值真时，Excel 才应用选定的格式。最后单击"确定"按钮返回到图 2-20 所示的对话框。

三、自动套用格式

Excel 提供了自动格式化的功能，它可以根据预设的格式，将我们制作的报表格式化，产生美观的报表，也就是表格的自动套用。这种自动格式化的功能，可以节省使用者将报表格式化的许多时间，而制作出的报表却很美观。表格样式自动套用步骤如下：

1）选取要格式化的范围，单击"开始"选项卡中"样式"选项组中的"套用表格格式"按钮。出现如图 2-23"自动套用格式"对话框。

2）在"套用表格格式"列表框中选择要使用的格式。单击"确定"按钮。

这样，在所选定的范围内，会以选定的格式对表格进行格式化。

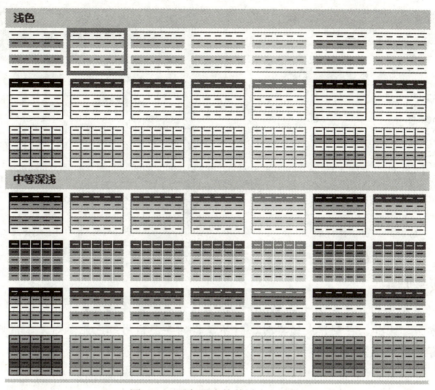

图 2-23 "套用表格格式"对话框

操作步骤

1）新建一工作簿，在 Sheet1 中建立如图 2-18 所示的日历样表。

2）在"页面布局"选择项卡中"工作表选项"选项组中，取消"网格线"区域中"查看"前的对号，取消网格线。

3）日历中的月份名使用了"合并及居中"格式，字体为"华文彩云"，颜色为"橙色"，28 号字。

4）日历的日期设置中注意星期六和星期天的日期要设置底纹为"玫瑰红色"。

我来试一试

1）新建一工作簿，在 Sheet1 中输入如图 2-24 所示的射手榜样表（见"试一试原件"文件夹下的案例 4.xls）。

2）选中 A1～F4 单元格，为单元格添加外部边框，并填充颜色为"浅蓝色"。

3）选中 B2～E3 单元格，合并及居中，填充为"浅绿色"，并加外边框为：上框和左框为"深蓝色"，下框和右框为"白色"。

4）输入射手榜内容。第一行设置图案为"冰蓝"，球队名文字用"褐色"。

5）进球数一列用条件格式，对进球数大于 1 的单元格将底纹设置为"浅绿色"。效果如图 2-25 所示。

办公软件实训教程 第3版

图 2-24 射手榜样表　　　　　　　图 2-25 射手榜效果表

我来归纳

格式化单元格的方法类似于在 Word 中设置的方法。条件格式是 Excel 独有的，广泛应用于许多方面，比如，在制作成绩单时，对不及格的要突出用红色显示等。掌握好这部分内容是非常有实用价值的。

案例5 "我"的特长（一）——快速填充

【教学指导】

由任务引入，演示讲解有规律的数据的编辑、自动完成、自动填充、序列填充、自定义自动填充序列，使学生学会并熟练掌握工作表中填充数据序列的方法。

【学习指导】

任务

住在学校的豆子一直都自己理财，每个星期在各方面的支出都要记账。内容包括三餐、零食、日用品、文具、娱乐等方面，每次重复写这几项内容，真累人啊！如果在 Excel 中自定义这样一个序列，使用这个序列进行填充，自制一个本周开支表，这样就方便多了。

知识点

一、序列填充

1. 使用菜单命令

对于选定的单元格区域，单击"开始"选项卡中"编辑"选项组中"填充"下拉列表中

扫码观看视频

116

"序列"命令，来实现数据的自动填充。其操作步骤如下：

1）首先在第一个单元格中输入一个起始值，选定一个要填充的单元格区域。单击"开始"选项卡中"编辑"选项组中"填充"下拉列表中的"序列"命令，如图 2-26 所示的显示。

2）选择"序列"命令后出现如图 2-27 所示的对话框。

图 2-26 填充菜单

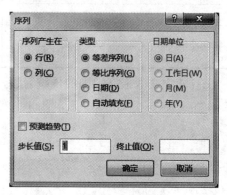

图 2-27 序列对话框

3）在图 2-27 所示对话框的"序列产生在"中选择"行"或者"列"。在"类型"中选择需要的序列类型，这样就可完成序列的填充。

需要说明的是：要将一个或多个数字或日期的序列填充到选定的单元格区域中，在选定区域的每一行或每一列中，第一个或多个单元格的内容被用作序列的起始值。使用自动填充命令产生数据序列的规定，见表 2-8。

产生不同序列的参数说明，见表 2-9。

表 2-8 填充命令产生数据序列的规定

类 型	说 明
等差级数	把"步长值"框内的数值依次加入到每个单元格数值上来计算一个序列。如果选定"趋势预测"选择框，则忽略"步长值"框中的数值，而会计算一个等差级数趋势序列
等比级数	把"步长值"框内的数值依次乘到每个单元格数值上来计算一个序列。如果选定"趋势预测"选择框，则忽略"步长值"框中的数值，而会计算一个等比级数趋势序列
日期	根据"日期单位"选定的选项计算一个日期序列

表 2-9 产生不同序列的参数说明

参 数	说 明
日期单位	确定日期序列是否会以日、工作日、月或年来递增
步长值	一个序列递增或递减的量。正数使序列递增；负数使序列递减
终止值	序列终止值。如果选定区域在序列达到终止值之前已填满，则该序列就终止在那点上
趋势预测	使用选定区域顶端或左侧已有的数值来计算步长值，以便根据这些数值产生一条最佳拟合直线（对等差级数序列），或一条最佳拟合数曲线（对等比级数序列）

在表 2-10 中，给出了对选定的一个或多个单元格执行"自动填充"操作的实例。

表 2-10 "自动填充"操作的实例

选定区域的数据	建立的序列
1，2	3，4，5，6，……
1，3	5，7，9，11，……
星期一	星期二，星期三，星期四
第一季	第二季，第三季，第四季，第一季
text1，textA	text2，textA，text3，textA，……

另外，Excel 中文版根据中国的传统习惯，预先设有：

①星期一，星期二，星期三，星期四，星期五，星期六。
②一月，二月，……，十二月。
③第一季，第二季，第三季，第四季。
④子，丑，寅，卯，……。
⑤甲，乙，丙，丁，……。

2．使用鼠标拖动

在单元格的右下角有一个填充柄，通过拖动填充柄来填充一个数据。可以将填充柄向上、下、左、右四个方向拖动，以填入数据。其操作步骤如下：

1）将光标指向单元格填充柄，当指针变成"十"字光标后，沿着要填充的方向拖动填充柄，如图 2-28 所示。

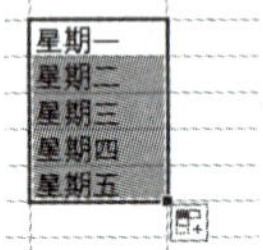

2）松开鼠标左键时，数据便填入区域中。

图 2-28 填充柄样式

二、自定义序列

对于需要经常使用特殊的数据系列，例如，产品的清单或中文序列号，可以将其定义为一个序列，这样，当使用"自动填充"功能时，就可以将数据自动输入到工作表中。

扫码观看视频

有两种建立自定义序列的方法，分别是选定已经输入到工作表的序列，或者直接在对话框里的"自定义序列"中输入。

1．从工作表导入

从工作表导入已经输入到工作表的序列，按照下列步骤执行：

1）选定工作表中已经输入的序列，如图 2-29 所示。

图 2-29 样表

2）选择"文件"→"选项"命令，在列表中选择"高级"命令，单击"常规"选项组中的"编辑自定义列表"命令，出现"选项"对话框。如图2-30所示。从图中的"从单元格中导入序列"中看到地址为"B3：B25"。按下"导入"按钮，就可以看到定义的序列已经出现在对话框中了。

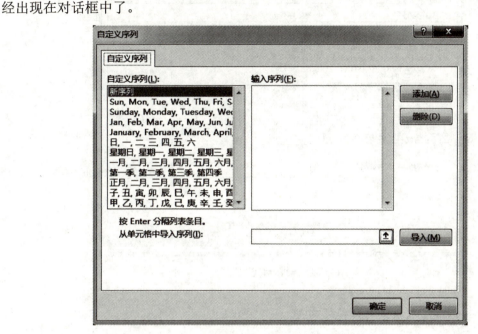

图2-30 "选项"对话框

2．直接在"自定义序列"中建立序列

要直接在"自定义序列"中建立序列，步骤如下：

1）选择"文件"→"选项"命令，在列表中选择"高级"命令，单击"常规"选项组中的"编辑自定义列表"命令，出现"选项"对话框。

2）在"输入序列"文本框中输入"三餐"，按下<Enter>键，然后输入"零食"，再次按下<Enter>键，重复该过程，直到输入完所有的数据。

3）单击"添加"按钮，就可以看到定义的序列格式已经出现在对话框中了。

对于自定义的序列，在定义过程中必须遵循下列规则：

1）使用数字以外的任何字符作为序列的首字母。

2）建立序列时，错误值和公式都被忽略。

3）单个序列项最多可以包含80个字符。

4）每一个自定义序列最多可以包含2000个字符。

3．编辑或删除自定义序列

也可以对已经存在的序列进行编辑或者将不再使用的序列删除掉。要编辑或删除自定义的序列，按照下列步骤执行。

在"自定义序列"选项卡中选定要编辑的自定义序列，就会看到它们出现在"输入序列"框中。选择要编辑的项，进行编辑。若要删除序列中的某一项，按<Backspace>键，若要删除一个完整的自定义序列，可以单击"删除"按钮后再单击"确定"按钮即可，如图 2-31 所示。

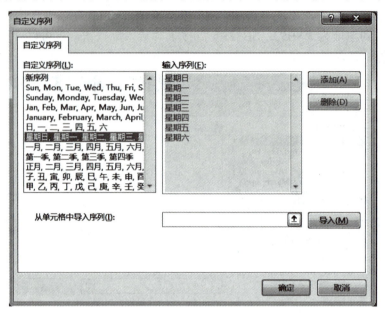

图 2-31　删除自定义序列

> **注意：**
> 对系统内部的序列不能够编辑或者删除。

 操作步骤

1）选择"文件"→"选项"命令，在列表中选择"高级"命令，单击"常规"选项组中的"编辑自定义列表"命令，出现"选项"对话框，制作序列"三餐、零食、日用品、文具、娱乐"，添加到自定义序列列表中。

2）在工作表中使用填充柄填充该序列，并记好本周各方面的开销。

 我来试一试

1）新建一工作簿，在 Sheet1 中用单击"开始"选项卡中"编辑"选项组中填充下拉列表中"序列"按钮制作一个等差序列"1，3，5，……"起始值为 1，步长为 2 的 8 个数。制作等比序列，起始值为 1，步长为 1.5 的 9 个数。效果如图 2-32 所示。

2）用这部分知识制作课程表，自定义序列"第一节课，第二节课，第三节课……第八节课"。效果如图 2-33 所示。

3）自定义一个二十四节气的序列。（立春，雨水，惊蛰，春分，清明，谷雨，立夏，小满，芒种，夏至，小暑，大暑，立秋，处暑，白露，秋分，寒露，霜降，立冬，小雪，大雪，冬至，小寒，大寒），效果如图 2-34 所示。

扫码观看视频

等差序列	等比序列
1	1
3	1.5
5	2.25
7	3.375
9	5.0625
11	7.59375
13	11.39063
15	17.08594
	25.62891

图 2-32　效果图 1

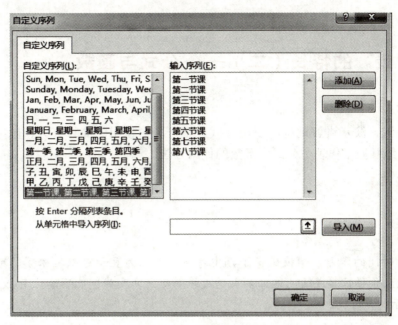

图 2-33　效果图 2

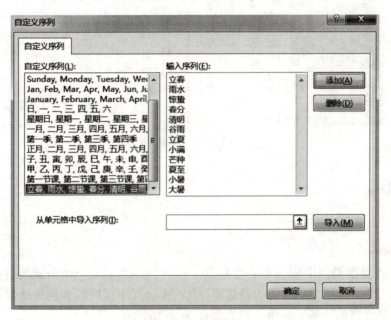

图 2-34　效果图 3

我来归纳

序列的自动填充中要注意给出 2 个以上起始值，否则很容易填充上相同的内容。如果只选中了一个起始值，按住 <Ctrl> 键 + 鼠标拖拽，那么会有什么效果？注意观察在填充中填充柄的形状与编辑状态下鼠标形状进行区别。

案例6 “我”的特长（二）——公式与函数

【教学指导】

由任务引入，演示讲解地址的引用方式、工作表中使用的计算公式、函数的使用，使学生学会并熟练掌握工作表中公式和函数的使用方法。

【学习指导】

任务

经过前段时间的学习，学校进行了期中考试，本以为豆子可以轻松了，可没想到考试结束后老师找豆子帮忙算成绩，这么多人的成绩算起来真头痛！能不能让 Excel 帮豆子完成如图 2-35 所示的计算呢？

	A	B	C	D	E	F	G	H
1	学号	姓名	语文	数学	英语	计算机	总分	平均分
2	030201	王红丹	98	93	73	99		
3	030202	白娇	95	95	82	98		
4	030203	刘征宇	86	99	79	95		
5	030204	李客	67	87	81	89		
6	030205	郑娜	70	64	92	90		
7	030206	李雷	83	90	89	97		
8	030207	李学民	64	72	57	92		
9	030208	刘冰	79	69	58	87		
10								
11		各科最高分:						
12		全班平均分:						

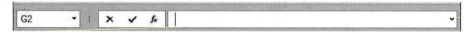

图 2-35　样表

知识点

扫码观看视频

一、公式的使用

1. 输入公式

输入公式的操作类似于输入文字型数据。不同的是在输入一个公式的时候总是以一个等号“=”作为开头，然后才是公式的表达式。在一个公式中可以包含各种算术运算符、常量、变量、函数、单元格地址等。编辑公式界面如图 2-36 所示。

图 2-36　编辑公式界面

2. 公式中的运算符号

（1）数学运算符号

公式可以使用数学运算符号来完成。比如，加法、减法等。通过对这些运算的组合，就可以完成各种复杂的运算。在 Excel 中可以使用的数学运算符号见表 2-11。

表 2-11　数学运算符号

操作符	举例	结果	操作类型
+	90+100	190	加法
−	5−6	−1	减法
*	2*3	6	乘法
/	3/2	1.5	除法
%	9%	0.09	百分数
^	4^2	16	乘方

在执行算术操作时，基本上都是要求两个或者两个以上的数值、变量，例如"=10^2*15"。但对于百分数来说只要一个数值也可以运算，例如"=5%"，百分数运算符号会自动地将 5 除以 100，得出 0.05。

（2）文字运算符号

在 Excel 中不仅可以进行算术运算，还提供了可以操作文字的运算。使用这些操作，可以将文字连接起来，例如，可以使用"&"符号将一个字符串和某一个单元格的内容连接起来。文字运算符号见表 2-12。

表 2-12　文字运算符号

操作符号	举例	结果	操作类型
&	"本月"&"销售"	本月销售	文字连接
	A5&"销售"	本月销售（假定 A5 单元格中的内容是"本月"）	将单元格同文字连接起来

（3）比较运算符号

这些运算符号会根据公式判断条件，返回逻辑结果 TRUE（真）和 FALSE（假）。比较运算符号见表 2-13。

表 2-13　比较运算符号

操作符号	说明
=	等于
<	小于
>	大于
<=	小于等于
>=	大于等于
<>	不等于

（4）运算符号的优先级

在 Excel 环境中，不同的运算符号具有不同的优先级，如表 2-14。如果要改变这些运算符号的优先级可以使用括号，以此来改变表达式中的运算次序。在 Excel 中规定所有的运算符号都遵从"由左到右"的次序来运算。

表 2-14　运算符号优先级

运算符号	说　明
–	负号
%	百分号
^	指数
*，/	乘、除法
+，–	加、减法
&	连接文字
=、<、>、<=、>=、<>	比较符号

> **注意：**
> 在公式中输入负数时，只需在数字前面添加"–"即可，而不能使用括号。例如，"=5* –10"的结果是"–50"。

二、地址的引用

1. 单元格地址的输入

扫码观看视频

在公式中输入单元格地址最准确的方法是使用单元格指针。虽然可以输入一个完整的公式，但在输入过程中很可能有输入错误或者读错屏幕单元地址，例如，可能将"B23"输入为"B22"。因此，在将单元格指针指向正确的单元格时，实际上已经把活动的单元格地址移到公式中的相应位置了，从而也就避免了错误的发生。在使用单元格指针输入单元格地址的时候，最得力的助手就是使用鼠标。

使用鼠标输入的过程如下：

1）选择要输入公式的单元格，在编辑栏的输入框中输入一个等号"="。

2）用鼠标指向单元格地址，然后单击选中单元格地址。

3）输入运算符号，如果输入完毕，按下 <Enter> 键或者单击编辑栏上的"确认"按钮。如果没有输入完毕，则继续输入公式。

2. 相对地址引用

在输入公式的过程中，除非特别指明，Excel 一般是使用相对地址来引用单元格的位置。所谓相对地址是指：当把一个含有单元格地址的公式复制到一个新的位置或者用一个公式填入一个范围时，公式中的单元格地址会随着改变。

例如，将公式"=A1+A2+C6"分别复制到单元格"D2""B3"和"B4"中。图 2-37 显示了复制后的公式，从中看到相对引用的变化。

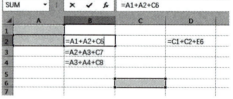

图 2-37　相对地址引用公式复制效果

3. 绝对地址引用

在一般情况下，复制单元格地址时，是使用相对地址方式，但在某些情况下，不希望单元格地址变动。在这种情况下，就必须使用绝对地址引用。

所谓绝对地址引用是指：要把公式复制或者填入到新位置，并且使公式中的固定单元格地址保持不变。在 Excel 中，是通过对单元格地址的"冻结"来达到此目的，引用方法是在列号和行号前面添加美元符号"$"。

例如，公式"=A1*A3"中的"A1"是不能改变的。就必须使其变成绝对地址引用，即公式改变为"=A1*A3"，当将公式复制时就不会被当作相对地址引用了，从图 2-38 所示的"C2"单元格可以看到发生的变化。

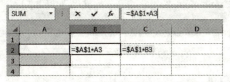

图 2-38　绝对地址引用公式复制效果

4. 混合地址引用

在某些情况下，需要在复制公式时只有行保持或者只有列保持不变。在这种情况下，就要使用混合地址引用。所谓混合地址引用是指：在一个单元格地址引用中，既有绝对地址引用，也有相对单元格地址引用。例如，单元格地址"$A5"就表明保持"列"不发生变化，"行"会随着新的复制位置发生变化；同理，单元格地址"A$5"表明保持"行"不发生变化，但"列"会随着新的复制位置发生变化。图 2-39 所示的是混合地址引用的范例。

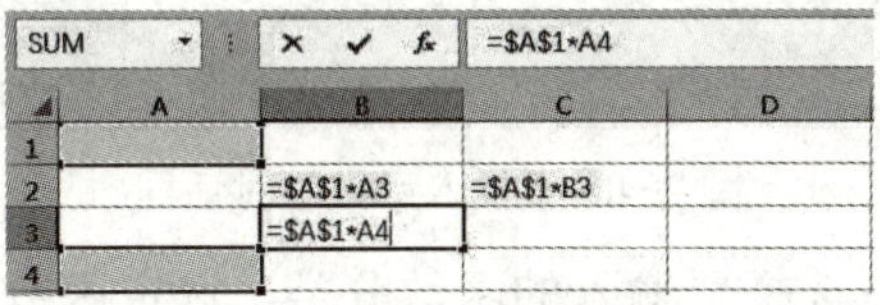

图 2-39　混合地址引用公式拷贝效果

5. 三维地址引用

前面介绍过，Excel 中文版的所有工作是以工作簿展开的。例如，要对一年的 12 个月销售情况进行汇总，而这些数据是分布在 12 张工作表中的，要完成这些销售数据的汇总，就必须要能够读取（引用）在每张表格中的数据，这也就引出了"三维地址引用"这一新概念。

所谓三维地址引用是指：在一本工作簿中从不同的工作表引用单元格。三维引用的一般格式为："工作表名！：单元格地址"，工作表名后的"！："是系统自动加上的。例如，在第 2 张工作表的"B2"单元格输入公式"=Sheet1！：A1+A2"，则表示要引用工作表 Sheet1 中的单元格"B1"和工作表 Sheet2 中的单元格"B2"相加，结果放到工作表 Sheet2 中的"B2"单元格中。

三、函数的使用

1. 手工输入函数

扫码观看视频

手工输入函数的方法同在单元格中输入一个公式的方法一样。需先在输入框中输入一个等号"="，然后，输入函数本身即可。

2. 使用插入函数输入

使用插入函数是经常用到的输入方法。使用该方法，可以指导用户一步一步地输入一个复杂的函数，避免在输入过程中产生键入错误。其操作步骤如下：

1）选定要输入函数的单元格。例如，选定单元格"C3"。单击"开始"选项卡中"编辑"选项组里的 Σ▼按钮，或者单击公式编辑栏上的插入函数按钮" fx "按钮会出现一个"插入函数"对话框，如图 2-40 所示。

图 2-40 "插入函数"对话框

2）从函数分类列表框中选择要输入的函数分类，选定函数分类后，再从"函数名"列表框中选择所需要的函数。

3）单击"确定"按钮，屏幕上出现输入"函数参数"的对话框，如图 2-41，对话框中给出了所选函数的每一个参数项的说明。

4）在"Number1"文本框中，输入函数的第一个参数。若还需要输入第二个、第三个参数…可依次在"Number2""Number3"文本框中输入。在输入参数过程中，每个参数输入后，函数的计算结果会出现在对话框下方的计算结果中。

5）单击"确定"按钮，完成函数的录入。

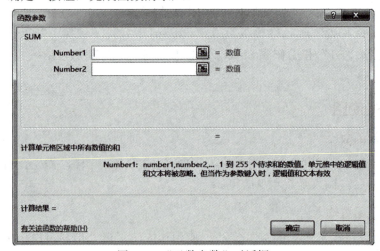

图 2-41 "函数参数"对话框

操作步骤

1）新建一工作簿，在工作表1中录入如图2-35内容。

2）在G2中输入求和公式或函数（Sum）计算各科总分，用相同方法计算其他同学各科总分或用鼠标拖拽的方法计算其他人的各科总分。

3）在H2中输入求平均数公式或函数（Average）计算各科平均分，用相同方法计算其他同学各科平均分或用鼠标拖拽的方法计算其他人的各科平均分。

4）在C11中输入求最大值函数（Max）统计语文最高分，用相同方法统计出其他学科最高分或用鼠标拖拽的方法统计出其他学科最高分。也可统计出所有学生总分的最高分和平均分的最高分。注意单元地址的正确引用。

5）在C12中输入求平均数公式或函数（Average）计算语文平均分，用相同方法计算其他学科平均分或用鼠标拖拽的方法计算其他学科平均分。也可以计算出所有学生总分的平均分和所有学生平均分的平均分。注意单元格地址的正确引用。

1）对图2-42和图2-43所示（工作表见"试一试原件"文件夹下的"案例6.xls"）的学生成绩进行处理，效果如图2-44和图2-45所示。

	A	B	C	D	E	F	G	H
1	学号	姓名	语文	数学	英语	计算机	总分	平均分
2	030201	王红丹	98	93	73	99		
3	030202	白桥	95	95	82	98		
4	030203	刘征宇	86	99	79	95		
5	030204	李客	67	87	81	89		
6	030205	郑娜	70	64	92	90		
7	030206	李雷	83	90	89	97		
8	030207	李学民	64	72	57	92		
9	030208	刘冰	79	69	58	87		
10								
11		各科最高分：						
12		全班平均分：						

图2-42 样表1

	A	B	C	D	E	F	G	H
1	学号	姓名	语文	数学	英语	计算机	总分	平均分
2	030301	李丹	92	89	84	97		
3	030302	张艳红	95	90	89	92		
4	030303	孟磊	69	93	85	89		
5	030304	刘丽丽	89	69	92	87		
6	030305	何雪	95	97	93	95		
7	030306	孙帅	73	63	61	97		
8	030307	张柏新	64	45	57	99		
9	030308	王博	63	53	42	98		
10								
11		各科最高分：						
12		全班平均分：						

图2-43 样表2

	A	B	C	D	E	F	G	H
1	学号	姓名	语文	数学	英语	计算机	总分	平均分
2	030201	王红丹	98	93	73	99	363	90.75
3	030202	白桥	95	95	82	98	370	92.5
4	030203	刘征宇	86	99	79	95	359	89.75
5	030204	李客	67	87	81	89	324	81
6	030205	郑娜	70	64	92	90	316	79
7	030206	李雷	83	90	89	97	359	89.75
8	030207	李学民	64	72	57	92	285	71.25
9	030208	刘冰	79	69	58	87	293	73.25
10								
11		各科最高分：	98	99	92	99		
12		全班平均分：	83.40625					

图2-44 效果图1

	A	B	C	D	E	F	G	H
1	学号	姓名	语文	数学	英语	计算机	总分	平均分
2	030301	李丹	92	89	84	97	362	90.5
3	030302	张艳红	95	90	89	92	366	91.5
4	030303	孟磊	69	93	85	89	336	84
5	030304	刘丽丽	89	69	92	87	337	84.25
6	030305	何雪	95	97	93	95	380	95
7	030306	孙帅	73	63	61	97	294	73.5
8	030307	张柏新	64	45	57	99	265	66.25
9	030308	王博	63	53	42	98	256	64
10								
11		各科最高分：	95	97	93	99		
12		全班平均分：	81.125					

图 2-45　效果图 2

2）完成如图 2-46 的计算（有效个数的计算可用 COUNTIF 函数），效果如图 2-47 所示。

	A	B	C	D	E
1	数据录入	988	1420	784	=B1+C1-D1
2	最小值	784			
3	最大值	1624			
4	平均数	1204			
5	有效个数	>=500			
6		<=1000			

图 2-46　样表 3

	A	B	C	D	E	F
1	数据录入	988	1420	784	1624	
2	最小值	784				
3	最大值	1624				
4	平均数	1204				
5	有效个数	>=500	4			
6		<=1000	2			

图 2-47　效果图 3

3）试计算如图 2-48 的三角函数值，效果如图 2-49 所示。

	A	B	C	D	E	F	G	H	I
1				正弦三角函数Sin(X)值列表					
2									
3	度\分	0	10	20	30	40	50	60	分
4	0								
5	15								
6	30								
7	45								
8	60								
9	75								
10	90								
11	度								

图 2-48　样表 4

	A	B	C	D	E	F	G	H	I
1				正弦三角函数Sin(X)值列表					
2									
3	度\分	0	10	20	30	40	50	60	分
4	0	0	0.002909	0.005818	0.008727	0.011635	0.014544	0.017452	
5	15	0.258819	0.261627	0.264434	0.267238	0.27004	0.27284	0.275637	
6	30	0.5	0.502517	0.505029	0.507538	0.510042	0.512542	0.515038	圆周率：
7	45	0.707106	0.70916	0.711208	0.71325	0.715286	0.717316	0.719339	3.14159
8	60	0.866025	0.867476	0.868919	0.870355	0.871784	0.873205	0.874619	
9	75	0.965926	0.966674	0.967415	0.968147	0.968872	0.969588	0.970295	
10	90	1	0.999996	0.999983	0.999962	0.999932	0.999894	0.999848	
11	度								

图 2-49　效果图 4

我来归纳

在公式和函数的输入过程中都要注意在编辑时先输入"="，再输入公式或函数内容，而且可以使用鼠标拖拽的方法进行函数复制；输入公式时多用鼠标选定单元格进行编辑，避免在输入过程出错。

案例 7 我帮老师来评比——排序、筛选和汇总

【教学指导】

由任务引入，演示讲解数据排序、数据筛选、汇总数据。使学生学会并熟练掌握工作表中排序、筛选和汇总的使用方法。

【学习指导】

 任务

豆子在处理学生成绩这方面有了一定的水平，刚帮老师算完成绩，又来排序，还要找出不及格人数，这些问题单用公式和函数解决并不理想，Excel 中有没有更好的解决方法呢？

1）完成如图 2-50 所示的各班同学平均分的汇总。

学号	姓名	性别	语文	数学	英语	计算机	总分	平均分
030202	白桥	女	95	95	82	98	370	92.5
030102	包雷	男	67	95	80	73	315	78.75
030107	丁宇	男	98	78	86	79	341	85.25
030305	何雪	女	95	97	93	95	380	95
030301	李丹	女	92	89	84	97	362	90.5
030101	李菲菲	女	78	89	97	94	358	89.5
030204	李客	男	67	87	81	89	324	81
030206	李雷	男	83	90	89	97	359	89.75
030103	李明曦	女	78	98	85	71	332	83
030207	李学民	男	64	72	57	92	285	71.25

图 2-50 样表

2）筛选出图 2-50 中所有 0301 班的同学。

 知识点

一、排序

通过排序，可以根据特定要求来重排数据清单中的行。当选择"排序"命令后，Excel 会使用该列（行）指定的排序次序，或使用自定义排序次序来重新排列行、列或单个的单元格。除非另有指定，否则 Excel 会根据用户选择的"主要关键字"列的内容以升序顺序（最低到最高）对行作排序。当对数据排序时，Excel 会遵循以下的原则。 扫码观看视频

1）如果由某一列来作排序，则在该列上有完全相同项的行将保持它们的原始次序。

2）在排序列中有空白单元格的行会被放置在排序的数据清单的最后。

3）隐藏行不会被移动，除非它们是分级显示的一部分。

4）排序选项选定的列、顺序（递增或递减）和方向（从上到下或从左到右）等，在最后一次排序后便会被保存下来，直到修改它们或修改选定区域或列标记为止。

5）如果按一列以上作排序，则主要列中有完全相同项的行会根据指定的第二列作排序。第二列中有完全相同项的行会根据指定的第三列作排序。

1．按列排序

按照某一选定列排序的操作步骤如下。

1）执行"数据"选择卡中"排序和筛选"选项组中的"排序"按钮，出现如图 2-51 所示的对话框。

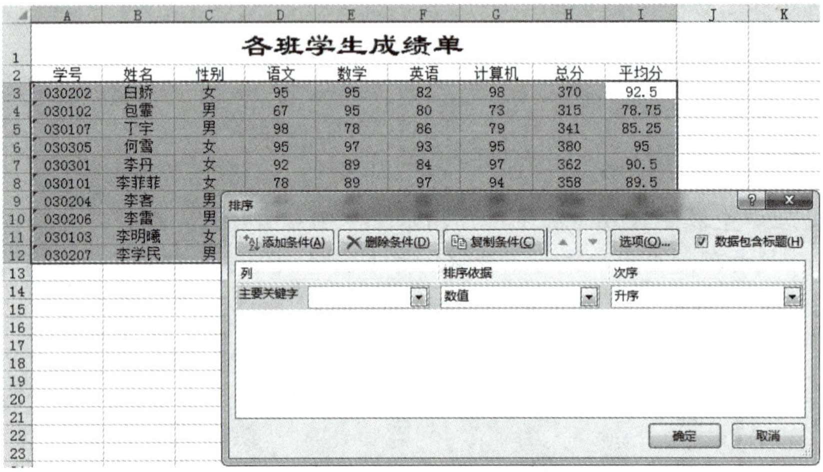

图 2-51 "排序"对话框

2）在"主要关键字"列表框中，选定重排数据清单的主要列，单击"递增"或"递减"选项按钮以指定该列值的排序次序。若要由一列以上来排序，在选择"添加条件"按钮增加"次要关键字"和"第三关键字"，用作排序的附加列。对于每一列再单击"递增"或"递减"选项按钮。如果在数据清单中的第一行包含列标记，则在"数据包含标题"复选框中有"☑"，表示"有标题行"，以使该行排除在排序之外，反之表示"没有标题行"使该行也被排序。

3）单击"确定"按钮就可以看到排序后的结果。

> **注意：** 不管是用列或用行排序，当数据库内的单元格引用到其他单元格内作数据时，有可能因排序的关系，使公式的引用地址错误，从而使数据库内的数据不正确。

2．多列排序

虽然在 Excel 数据清单中可以包含最多 25 列，但实际上"排序"命令一次只能按 3 列来排序。若要按 4 列或更多列将数据清单排序，则可以通过重复执行排序命令来达到这一效果。

首先，按 3 个最不重要的列来排序，然后继续按 3 个最重要的列来排序。例如，要按列 A、B、C、D 和 E 的顺序来排序数据清单，则首先按列 C、D 和 E 来排序，然后再按列 A 和 B 来排序。

3．使用工具排序

对数据排序时，除了能够使用"排序"命令外，还可以单击工具栏上的两个排序按钮"⇣"和"⇡"。其中 A 到 Z 代表递增，Z 到 A 代表递减。

使用工具排序的步骤如下。

1）选取要排序的范围。

2）单击“递增”或“递减”按钮，即可完成排序工作。

二、筛选

筛选数据清单可以快速寻找和使用数据清单中的数据子集。筛选功能可以使 Excel 只显示出符合设定筛选条件的某一值或符合一组条件的行，而隐藏其他行。在 Excel 中提供了“自动筛选”和“高级筛选”命令来筛选数据。一般情况下，“自动筛选”就能够满足大部分的需要。不过，当需要使用复杂的条件来筛选数据清单时，就必须使用“高级筛选”。

扫码观看视频

1. 自动筛选

要执行自动筛选操作，在数据清单中必须有列标记。其操作步骤如下。

1）在要筛选的数据清单中选定单元格。

2）单击“数据”选择卡中“排序和筛选”选项组中的“筛选”命令。

3）在数据清单中每一个列标记的旁边插入下拉箭头，如图 2-52 所示。

	A	B	C	D	E	F	G	H	I
1	各班学生成绩单								
2	学号	姓名	性别	语文	数学	英语	计算机	总分	平均分
3	030202	白娇	女	95	95	82	98	370	92.5
4	030102	包霏	男	67	95	80	73	315	78.75
5	030107	丁宇	男	98	78	86	79	341	85.25
6	030305	何雪	女	95	97	93	95	380	95
7	030301	李丹	女	92	89	84	97	362	90.5
8	030101	李菲菲	女	78	89	97	94	358	89.5
9	030204	李客	男	67	87	81	89	324	81
10	030206	李雷	男	83	90	89	97	359	89.75
11	030103	李明曦	女	78	98	85	71	332	83
12	030207	李学民	男	64	72	57	92	285	71.25

图 2-52　自动筛选后效果

4）单击包含想显示的数据列中的箭头，可以看到一个下拉列表，选定要显示的项，在工作表中就可以看到筛选后的结果，例如，选择“性别”列旁的下拉按钮，取消“女”选项后，将显示所有男同学的成绩，结果如图 2-53 所示。

	A	B	C	D	E	F	G	H	I
1	各班学生成绩单								
2	学号	姓名	性别	语文	数学	英语	计算机	总分	平均分
4	030102	包霏	男	67	95	80	73	315	78.75
5	030107	丁宇	男	98	78	86	79	341	85.25
9	030204	李客	男	67	87	81	89	324	81
10	030206	李雷	男	83	90	89	97	359	89.75
12	030207	李学民	男	64	72	57	92	285	71.25

图 2-53　性别为男的同学的成绩

2. 使用高级筛选

使用自动筛选命令寻找合乎准则的记录，且方便又快速，但该命令的寻找条件不能太复杂。如果要执行较复杂的寻找，就必须使用高级筛选命令。执行高级筛选的操作步骤如下。

1）在数据清单的下面建立条件区域，如图 2-54 所示。在上例中设定的条件是“计算机 <85”的同学。

2）在数据清单中选定单元格。单击“数据”选项卡中“排序和筛选”选项组中选择“高级”

按钮。在"方式"单选框中选定"在原有区域显示筛选结果"选项按钮。在"列表区域"框中，指定数据区域。在"条件区域"框中，指定条件区域，包括条件标记，结果如图 2-55 所示。若要从结果中排除相同的行，可以选定"选择不重复的记录"选择框。单击"确定"按钮即可，之后就会看到如图 2-56 的显示结果。

图 2-54　计算机 <85 的同学成绩

图 2-55　"高级筛选"对话

图 2-56　高级筛选后的效果图

三、数据汇总

对数据清单上的数据进行分析的一种方法是分类汇总。在"数据"选择卡中选择"分级显示"列表中的"分类汇总"，可以在"分类汇总"对话框中设置，按照选择的方式对数据进行汇总。同时，在插入分类汇总时，Excel 还会自动在数据清单底部插入一个总计行。

扫码观看视频

> **注意：** 在进行自动分类汇总之前，必须对数据清单进行排序。数据清单的第一行里必须有列标记。

对如图 2-50 所示的各班平均分进行分类汇总的操作步骤如下。

1）对数据清单中要进行分类汇总的列进行排序，本例首先要增加"班级"字段，然后按"班级"排序，如图 2-57 所示。

2）在要进行分类汇总的数据清单里，选取一个单元格。在"数据"选择卡中选择"分级显示"列表中的"分类汇总"按钮。

3）在"分类字段"框中，选择按照哪一列进行分类，本例中按"班级"分类。在"汇总方式"列表框中，选择想用来进行汇总数据的函数，默认的选择是"求和"，本例中要汇总各班平均分情况，因此选择平均值。在"选定汇总项"中，选择包含要进行汇总的那一列或者接受默认选项，本例中选择"平均分"项，如图 2-58 所示。单击"确定"按钮完成，如图 2-59

所示。

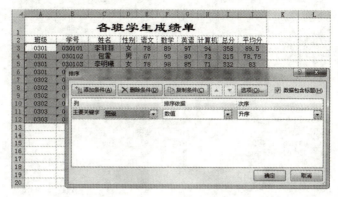

图 2-57 "排序"对话框

图 2-58 "分类汇总"对话框

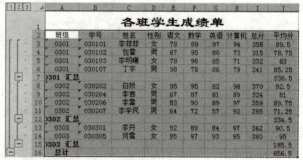

图 2-59 分类汇总后的效果图

 操作步骤

1）完成如图 2-50 所示的各班同学平均分的汇总。

① 在成绩单中增加一列"班级"字段，按"班级"进行排序。

② 在成绩单里，选取一个单元格。在"数据"选择卡中，单击"分级显示"列表中的"分类汇总"按钮，选择"分类字段"为"班级"，"汇总方式"为"求和"，"选定汇总选项"为"平均分"，然后单击"确定"按钮即可。

2）增加一列"班级"字段，选定成绩单，单击"数据"选项卡中"排序和筛选"选项组中的"筛选"命令，筛选出所有 0301 班同学。

 我来试一试

1）应用案例 6 中的图 2-42 和图 2-43（见"试一试原件"文件夹下的案例 7 的"试一试.xls"）对学生成绩按平均分进行排序，效果如图 2-60 和图 2-61 所示。

2）筛选出图 2-42 中平均分在 85 分以上的同学，效果如图 2-62 所示。

	A	B	C	D	E	F	G	H
1	学号	姓名	语文	数学	英语	计算机	总分	平均分
2	030202	白娇	95	95	82	98	370	92.5
3	030201	王红丹	98	93	73	99	363	90.75
4	030203	刘征宇	86	99	79	95	359	89.75
5	030206	李雷	83	90	89	97	359	89.75
6	030204	李客	67	87	81	89	324	81
7	030205	郑娜	70	64	92	90	316	79
8	030208	刘冰	79	69	58	87	293	73.25
9	030207	李学民	64	72	57	92	285	71.25

图 2-60　效果图

	A	B	C	D	E	F	G	H
1	学号	姓名	语文	数学	英语	计算机	总分	平均分
2	030305	何雪	95	97	93	95	380	95
3	030302	张艳红	95	90	89	92	366	91.5
4	030301	李丹	92	89	84	97	362	90.5
5	030304	刘丽丽	89	69	92	87	337	84.25
6	030303	孟磊	69	93	85	89	336	84
7	030306	孙帅	73	63	61	97	294	73.5
8	030307	张柏新	64	45	57	99	265	66.25
9	030308	王博	63	53	42	98	256	64

图 2-61　效果

	A	B	C	D	E	F	G	H
1	学号	姓名	语文	数学	英语	计算机	总分	平均分
2	030202	白娇	95	95	82	98	370	92.5
3	030201	王红丹	98	93	73	99	363	90.75
4	030203	刘征宇	86	99	79	95	359	89.75
5	030206	李雷	83	90	89	97	359	89.75

图 2-62　效果图

3）应用案例 7 中图 2-11 和图 2-13（见"试一试原件"文件夹下的案例 7 的"试一试.xls"）对学生来源进行汇总，统计各地区的学生数，效果如图 2-63 和图 2-64 所示。

	A	B	C	D	E	F	G	H	I	J
1	学号	姓名	性别	出生日期	录取成绩	语文	数学	英语	计算机	来源
2	030101	李菲菲	女	1988/5/6	567.5	78	89	97	94	吉林市
3	030101 计数									1
4	030102	包睿	男	1987/3/5	487	67	95	80	73	永吉
5	030102 计数									1
6	030103	李明曦	女	1986/8/23	502.5	78	98	85	71	吉林市
7	030103 计数									1
8	030104	刘慧影	女	1985/6/23	489	87	98	88	81	桦甸
9	030104 计数									1
10	030105	王鹤	女	1987/3/23	476	34	100	89	62	吉林市
11	030105 计数									1
12	030106	修莹玉	女	1986/2/9	423	87	87	91	68	永吉
13	030106 计数									1
14	030107	丁宇	男	1987/7/12	512	98	78	86	79	吉林市
15	030107 计数									1
16	030108	张海燕	女	1988/12/23	456	78	83	93	73	吉林市
17	030108 计数									1
18	总计数									8

图 2-63　效果图

	A	B	C	D	E	F	G	H	I	J
1	学号	姓名	性别	出生日期	录取成绩	语文	数学	英语	计算机	来源
2	030201	王红丹	女	1987/5/4	524	98	93	73	99	永吉
3	030201 计数									1
4	030202	白娇	女	1988/3/21	493	95	95	82	98	吉林市
5	030202 计数									1
6	030203	刘征宇	男	1987/7/19	378	86	99	79	95	桦甸
7	030203 计数									1
8	030204	李客	男	1987/5/13	402	67	87	81	89	磐石
9	030204 计数									1
10	030205	郑娜	女	1988/2/24	467	70	64	92	90	永吉
11	030205 计数									1
12	030206	李雷	男	1987/12/10	422	83	90	89	97	吉林市
13	030206 计数									1
14	030207	李学民	男	1986/10/9	389	64	72	57	92	桦甸
15	030207 计数									1
16	030208	刘冰	男	1987/1/14	412	79	69	58	87	延吉
17	030208 计数									1
18	总计数									8

图 2-64　效果图

我来归纳

在分类汇总中要注意,必须先按分类汇总项进行排序,然后才能进行汇总。

案例 8 我来制作数据透视表——合并计算和透视表

【教学指导】

由任务引入,演示讲解合并计算、建立数据透视表。使学生学会并熟练掌握工作表中排序、筛选和汇总的使用方法。

【学习指导】

 任务

豆子业余时间在计算机公司打工,老板经常让豆子核算各种数据。最近学校里正在统计学生们的来源情况,老师找到了计算机高手豆子,这么多的工作豆子怎么忙得过来呢?让我们来帮帮他吧!

1)对图 2-65 和图 2-66 所示的工作表中 2003 年和 2004 年的销售情况进行合并操作。将结果保存在新建工作表中。

硬件部2003年销售额					
类别	第一季	第二季	第三季	第四季	总计
便携机	515500	82500	340000	479500	1417500
工控机	68000	100000	68000	140000	376000
网络服务器	75000	144000	85500	37500	342000
微机	151500	126600	144900	91500	514500
合计	810000	453100	638400	748500	2650000

图 2-65 2003 年销售情况样表

硬件部2004年销售额					
类别	第一季	第二季	第三季	第四季	总计
便携机	417800	98500	120000	298600	934900
工控机	95000	123000	76000	111000	405000
网络服务器	96000	251000	93200	52100	492300
微机	169200	114500	176900	87600	548200
合计	778000	587000	466100	549300	2380400

图 2-66 2004 年销售情况样表

2)用数据透视表完成对学生来源情况的统计,见表 2-15。

表 2-15 学生来源情况

学 号	班 级	姓 名	性 别	出生日期	录取成绩	来 源
030101	0301	李菲菲	女	1988-5-6	567.5	吉林市
030102	0301	包霏	男	1987-3-5	487	永吉
030103	0301	李明曦	女	1986-8-23	502.5	吉林市
030104	0301	刘慧影	女	1985-6-23	489	桦甸
030105	0301	王鹤	女	1987-3-23	476	吉林市
030106	0301	修莹玉	女	1986-2-9	423	永吉
030107	0301	丁宇	男	1987-7-12	512	吉林市
030108	0301	张海燕	女	1988-12-23	456	吉林市
030201	0302	王红丹	女	1987-5-4	524	永吉
030202	0302	白娇	女	1988-3-21	493	吉林市
030203	0302	刘征宇	男	1987-7-19	378	桦甸
030204	0302	李客	男	1987-5-13	402	磐石
030205	0302	郑娜	女	1988-2-24	467	永吉
030206	0302	李雷	男	1987-12-10	422	吉林市
030207	0302	李学民	男	1986-10-9	389	桦甸
030208	0302	刘冰	男	1987-1-14	412	延吉

（续）

学　号	班　级	姓　名	性　别	出生日期	录取成绩	来　源
030301	0303	李丹	女	1987-7-17	498	吉林市
030302	0303	张艳红	女	1987-5-30	507	磐石
030303	0303	孟磊	男	1986-9-27	465	桦甸
030304	0303	刘丽丽	女	1987-8-15	438	吉林市
030305	0303	何雪	女	1987-9-12	517	蛟河
030306	0303	孙帅	男	1988-10-29	305	蛟河
030307	0303	张柏新	男	1987-12-17	281	吉林市
030308	0303	王博	男	1988-2-23	267	吉林市

 知识点

一、合并计算

所谓合并计算是指，可以通过合并计算的方法来汇总一个或多个源区中的数据。Excel 提供了两种合并计算数据的方法。一是通过位置，即当源区域有相同位置的数据汇总。二是通过分类，当源区域没有相同的布局时，则采用分类方式进行汇总。

要想合并计算数据，首先必须为汇总信息定义一个目的区，用来显示摘录的信息。此目标区域可位于与源数据相同的工作表上，或在另一个工作表上或工作簿内。其次，需要选择要合并计算的数据源。此数据源可以来自单个工作表、多个工作表或多重工作簿中。在 Excel 2016 中，可以最多指定 255 个源区域来进行合并计算。在合并计算时，不需要打开包含源区域的工作簿。

1. 通过位置来合并计算数据

通过位置来合并计算数据是指：在所有源区域中的数据被相同地排列，也就是说想从每一个源区域中合并计算的数值必须在被选定源区域的相同的相对位置上。这种方式非常适用于处理相同表格的合并工作，例如，总公司将各分公司的合并形成一个整个公司的报表。再如，税务部门可以将不同地区的税务报表合并形成一个市的总税务报表等。

扫码观看视频

下面以任务 1 来说明这一操作过程，建立如图 2-65 和图 2-66 所示的工作表文件。执行步骤如下。

1) 为合并计算的数据选定目的区，如图 2-67 所示。
2) 单击"数据"选项卡中的"数据工具"组里的"　"按钮，出现如图 2-68 所示的对话框。

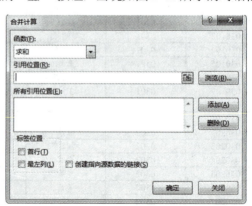

图 2-67　合并计算的数据选定目的区　　　　图 2-68　"合并计算"对话框

3）在"函数"框中，选定希望用 Excel 来合并计算数据的汇总函数，求和 SUM 函数是默认的函数。

4）在"引用位置"框中，分别选定进行合并计算的源区 2003 和 2004 年销售情况数据源的地址。先选定"引用位置"框，然后在工作表选项卡上单击"2003"，在工作表中选定 2003 年销售情况的数据源区域。该区域的单元格引用将出现在"引用位置"框中，如图 2-69 所示。

图 2-69　合并计算对话框"引用位置"

5）单击"添加"按钮。对要进行合并计算的所有源区域重复上述步骤。可以看到"合并计算"对话框如图 2-70 所示。最后单击"确定"按钮。就可以看到合并计算的结果，如图 2-71 所示。

图 2-70　"添加"后效果

图 2-71　合并计算的结果

2. 通过分类来合并计算数据

通过分类来合并计算数据是指：当多重来源区域包含相似的数据却以不同的方式排列时，此命令可使用标记，依照不同分类进行数据的合并计算，也就是说，当选定格式的表格具有不同的内容时，可以根据这些表格的分类来分别进行合并工作。若使图 2-66 数据表变为如图 2-72 所示的形式，就必须使用"分类"来合并计算数据。

扫码观看视频

图 2-72　样表

执行步骤如下：

1）为合并计算的数据选定目的区。单击"数据"选项卡中的"数据工具"组里的" "按钮，出现"合并计算"对话框。在"函数"框中，选定用来合并计算数据的汇总函数。求和（SUM）函数是默认的函数。

2）在"引用位置"框中，输入希望进行合并计算的源区域的位置。先选定"引用位置"框，然后在"窗口"菜单下，选择该工作簿文件，在工作表中选定源区域。该区域的单元格引用将出现在"引用位置"框中。

对要进行合并计算的所有源区域重复上述步骤。

如果源区域顶行有分类标记，则选定在"标题位置"下的"首行"复选框。如果源区域左列有分类标记，则选定"标题位置"下的"最左列"复选框。在一次合并计算中，可以选定两个复选框。在本例中选择"最左列"选项，如图 2-73 所示。单击"确定"按钮。就可以看到合并计算的结果。

图 2-73　"合并计算"的"最左列"效果

二、数据透视表

数据透视表是一种对大量数据快速汇总和建立交叉列表的交互式表格。它不仅可以转换行和列来查看源数据的不同汇总结果、显示不同页面来筛选数据，还可以根据需要显示区域中的明细数据。在表 2-15 中对各班同学按来源进行分类汇总，步骤如下。

扫码观看视频

1）将光标定位在表 2-15 的数据清单任一位置，打开"插入"选项卡中，单击"表格"组选"数据透视表"下拉列表中"数据透视表"命令，打开"创建数据透视表"对话框，如图 2-74 所示。

2）在"创建数据透视表"对话框中，选择要分析的数据源的数据区域和放置数据透视表的位置，如图 2-75 所示。

3）单击"确定"按钮。设置"数据透视表字段列表"，用鼠标拖动"班级"按钮置于"行"中，拖动"来源"按钮置于"列标签"中，拖动"学号"按钮置于"数值"中，对各班同学按"来源"汇总，如图 2-76 所示。

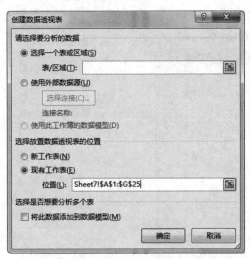

图 2-74 "创建数据透视表"对话框

图 2-75 "创建数据透视表"区域

图 2-76 汇总效果图

操作步骤

1）选定合并计算区,单击"数据"选项卡中"数据工具"选项组中"　"按钮,将对如图 2-71 和图 2-72 所示的工作表 2003 和 2004 年销售情况进行合并操作。

2）将光标置于数据清单中任一位置,单击"插入"选项卡中"表格"选项组中选"数据透视表"列表"数据透视表"按钮,打开"创建数据透视表"对话框,选中"选择一个表或区域"单选按钮和"现有工作表"单选按钮,如图 2-77 所示。依次拖动"类别"置于"行标签",拖动"总计"置于"数值"中,如图 2-78 所示。

图 2-77 创建数据透视表对话框

图 2-78 汇总效果

我来试一试

1）对表 1（见“试一试原件”文件夹下的“案例 8.xls”）中各班同学情况按性别汇总各班级人数。使用数据透视表完成。效果如图 2-79 所示。

计数项:学号	列标签		
行标签	男	女	总计
0301	2	6	8
0302	5	3	8
0303	4	4	8
总计	11	13	24

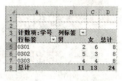

图 2-79　效果图 1

2）对图 2-80（见“试一试原件”文件夹下的“案例 8.xls”）中 2003 年和 2004 年中等职业学校设备固定资产进行合并计算，效果如图 2-81 所示。

中等职业学校固定资产情况（单位：元）					
年度	设备名称	中专	技校	成人实习班	函授学院
2003	电教设备	13376.77	10897.94	6499.57	164.73
	图书资料	4676.74	1250.11	542.07	11.97
	录音带	637118.33	222273.33	33679.00	2140.00
	录像带	468945.67	132348.00	29161.67	3887.33
2004	电教设备	40130.31	32693.82	19498.71	494.20
	图书资料	14030.22	3750.32	1626.20	35.92
	录音带	1911355.00	666820.00	101037.00	6420.00
	录像带	1406837.00	397044.00	87485.00	11662.00
学校占地(平方		10391020	21703195	11999514	157341

图 2-80　样表

2003-2004年度中等职业学校固定资产情况（单位：元）				
设备名称	中专	技校	成人实习班	函授学院
电教设备	53507.08	43591.76	25998.28	658.93
图书资料	18706.96	5000.43	2168.27	47.89
录音带	2548473.33	889093.33	134716.00	8560.00
录像带	1875782.67	529392.00	116646.67	15549.33

图 2-81　效果图 2

我来归纳

合并计算和数据透视表的方法都比较灵活，通过大量的实践才能更好地使用这两种方法。掌握这些内容，在工作实践中会有意想不到的帮助。

案例 9　我来看图说话——创建图表

【教学指导】

由任务引入，演示讲解插入图表、图表选项的设置、改变图表类型、添加图表标题及数据标志、设置坐标轴格式、设置数据系列格式。使学生学会并熟练掌握图表的用法。

【学习指导】

任务

对学生来源的统计豆子做得非常好，老师很满意，但还希望在统计的基础上画一个图表，豆子画了一天也不满意，还是找老师来帮忙完成这个图表吧！对案例 8 中的学生来源统计情况制作一个图表，如图 2-82 所示。

学生来源情况统计表						
班级	桦甸	吉林市	蛟河	磐石	延吉	永吉
0301	1	5				2
0302	2	2		1	1	2
0303	1	4	2	1		
总计	4	11	2	2	1	4

图 2-82　学生来源情况统计表

扫码观看视频

一、制作图表

1）单击数据清单后，单击"插入"选择项卡"图表"选项组中的""按钮，如图 2-83 所示。

2）在列表中列出了 Excel 2016 提供的图表类型，每一种类型都有相应的子图表，从中选择所需要的图表样式，如图 2-84 所示。

图 2-83　图表类型　　　　　　图 2-84　图表样式

3）这时，就会看到图形嵌入在工作表中，如图 2-85 所示。

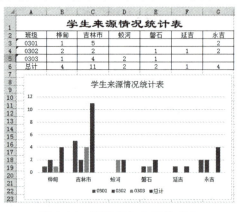

图 2-85　图形嵌入在工作表中

二、图表的修改

1）使用功能区进行修改。单击图表，将图表激活。选择"图表工具"选项卡，如图 2-86～图 2-88 所示可对图表进行快速修改。

2）单击鼠标右键进行修改。

扫码观看视频

3）双击要修改的图表选项，弹出对应的格式对话框，可对该选项进行修改。此时编辑栏中名称框的内容即为所选图表对象。如图 2-89～图 2-93 所示。

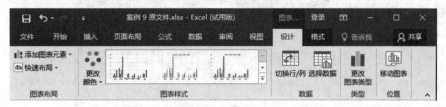

图 2-86 "图表工具设计"选项卡

扫码观看视频

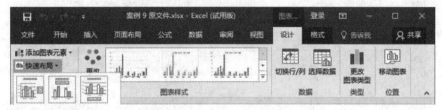

图 2-87 "图表工具布局"选项卡

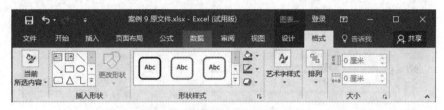

图 2-88 "图表工具格式"选项卡

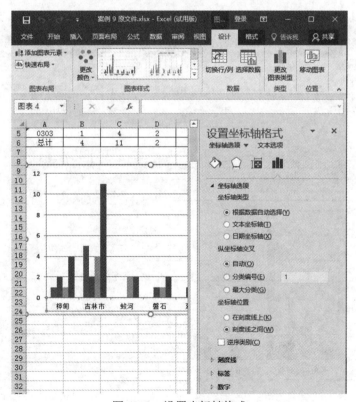

图 2-89 设置坐标轴格式

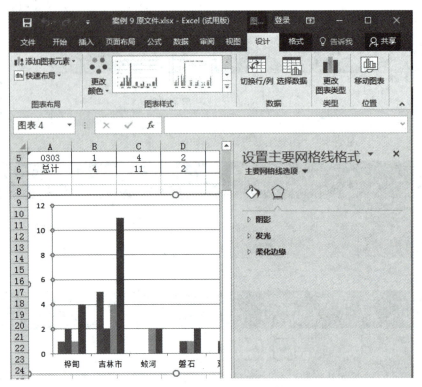

图 2-90　设置主要网格线格式

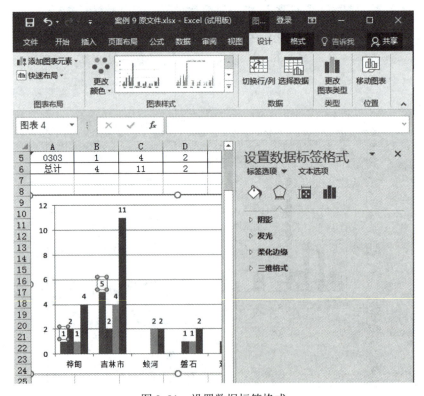

图 2-91　设置数据标签格式

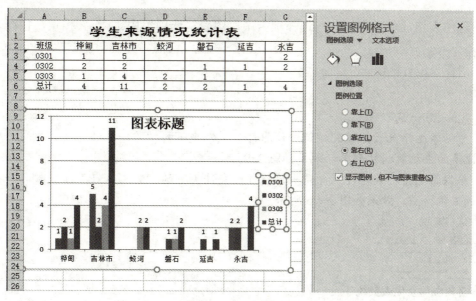

图 2-92 设置图例格式

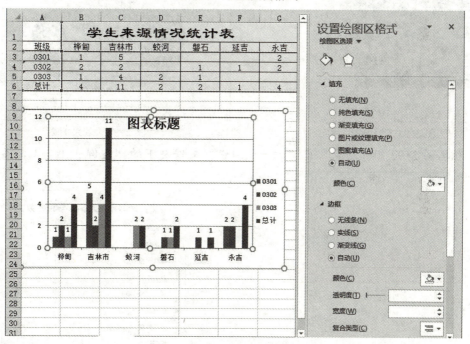

图 2-93 设置绘图区格式

操作步骤

1）对各班来源情况制作一个新的表格，如图 2-94 所示。

桦甸	吉林市	蛟河	磐石	延吉	永吉
4	11	2	2	1	4

图 2-94 样表

2）选中表格，单击"插入"选择项卡中"图表"选项组中" "按钮，按图表向导提示制作一个条形图。

3）对图表进行修饰。

我来试一试

1）根据学生情况表格（见"试一试原件"文件夹下的"案例9.xls"），制作一个各班男女生比率的三维簇状柱形图，效果如图2-95所示。

2）根据学生情况表格（见"试一试原件"文件夹下的"案例9.xls"），制作一个学生年龄段的三维饼图，效果如图2-96所示。

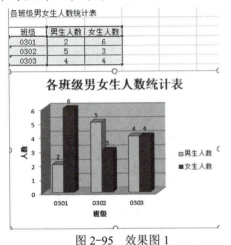

图2-95 效果图1

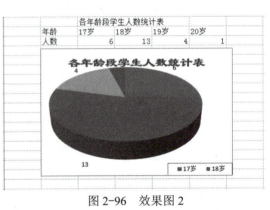

图2-96 效果图2

3）根据图2-97制作图表（见"试一试原件"文件夹下的"案例9.xls"），参考效果如图2-98所示。

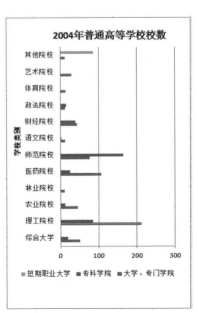

图2-97 样表

图2-98 效果图3

4）使用案例 8 中图 2-66 的 2004 年硬件部销售额数据表，制作一个折线图并修改，如图 2-99 所示。

5）根据案例原文件文件夹下的"试一试原件"文件夹下的"案例 9.xls"中"足球联赛"工作表中所给表格，制作如图 2-100 所示的图表。

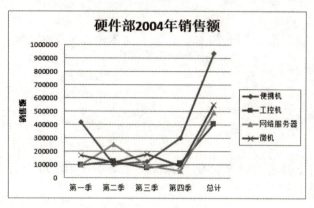

图 2-99　效果图 4

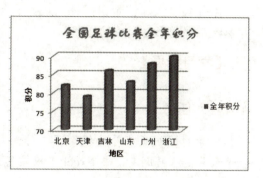

图 2-100　效果图 5

我来归纳

图表的编辑形式非常灵活，形成的结果也是多样的，比较不同类型图表的表达效果，在编辑中采用适合的图表达到更好的效果。

思考：用 Excel 的计算能力和图表制作函数图像可以帮助用户更好地学习数据知识，想一想应该怎样做呢？

使用图表制作正弦函数图像。

1）录入函数值，如图 2-101 所示（见案例原文件文件夹下的"试一试原件"文件夹中"案例 9.xls"）。

2）选择数据区，插入"散点"图，在类型中选择"无数据点平滑线散点图"可得到如图 2-102 所示的函数图像。

x	y=sin(x)
0	0
10	0.173648
20	0.34202
30	0.5
40	0.642787
50	0.766044
60	0.866025
70	0.939692
80	0.984808
90	1
100	0.984808
110	0.939693
120	0.866026
130	0.766046
140	0.642789
150	0.500002
160	0.342022
170	0.173651
180	2.65E-06

图 2-101　样表

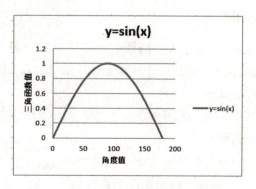

图 2-102　效果图

案例 10 我在工作表中插入图片——图片的使用

【教学指导】

由任务引入，演示讲解插入图片、绘制图形、加入艺术字、加入文本框。使学生学会并熟练掌握图形、图片的处理。

【学习指导】

任务

豆子的好朋友在外地找到了工作，马上就要离开了，他打算做一张如图 2-103 所示的电子卡片送给好朋友，在 Excel 中应该怎么做呢？

图 2-103　电子卡片

知识点

一、图片和图形

1. 插入图片

单击"插入"选项卡"插图"选项组中的"图片"按钮，从文件列表中选择要插入的文件，如图 2-104 所示。单击"插入"按钮，在工作表中就出现选中的文件了。

扫码观看视频

2. 图片的处理

可对图片进行的增加亮度、减小亮度、增大对比度、减小对比度等的处理。如图 2-105 所示。

3. 绘制图形

1）单击"插入"选项卡中"插图"选项组中的" "按钮，弹出"自选图形"列表，可选各种自选图形进行制作，如图 2-106 所示。

扫码观看视频

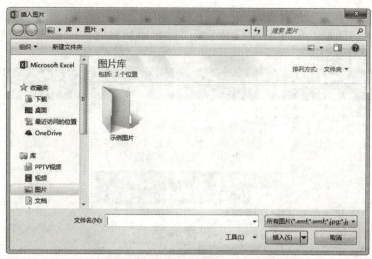

图 2-104 "插入图片"对话框

图 2-105 图片选项卡

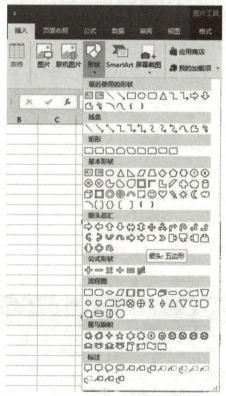

图 2-106 自选图形列表

2）选中绘制的图形，单击"格式"选项卡，如图2-107所示，可设置图形格式。

3）选中绘制的图形，单击鼠标右键选择"设置形状格式"，在弹出的对话框中可设置图形格式，如图2-108所示。

图2-107 "格式"功能区

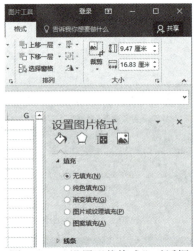

图2-108 "设置形状格式"对话框

二、艺术字

单击"插入"选项卡中"文本"选项组中" "按钮，单击选择一种艺术字样式插入。选择"艺术字"可修改内容，还可以在"艺术字"功能区设置艺术字格式，如图2-109所示。或单击鼠标右键在弹出的快捷菜单中进行设置，如图2-110所示。

扫码观看视频

图2-109 艺术字功能区

图2-110 快捷菜单

三、文本框

单击"插入"选项卡中"文本"选项组中的""按钮,有"横排文本框"和"竖排文本框"两种。可选择其中一种插入,单击文本框可修改文本框内容,通过格式功能区可以设置文本框的格式,如图 2-111 所示,或单击鼠标右键在弹出的快捷菜单中进行设置,如图 2-112 所示。

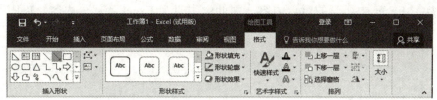

图 2-111　文本格式功能区　　　　　　　　图 2-112　右键快捷菜单

操作步骤

1)新建一工作表,单击"插入"选项卡中"插图"选项组中选择""按钮,选择一张图片插入。

2)单击"插入"选项卡中"文本"选项组中的"艺术字"中" "按钮,输入"前程似锦"。字体为"华文行楷",40 号字,黑色,无形状轮廓,三维旋转(透视第二行第二个),梭台(第一行第一个)

3)单击"插入"选项卡中"文本"选项组中的"　"按钮,插入横排文本框,在文本框中输入"祝你在人生道路上能前程似锦,快乐幸福",字体为"华文行楷",26 号字,白色。单击"格式"选项卡,在"形状样式"选项组中单击"　形状轮廓 "按钮,选择"无轮廓",单击"　形状填充 "按钮中选"无线填充颜色"。

4)单击"插入"选项卡中"插图"选项组中"　"中的"曲线"按钮,画一个小脚丫的形状,按 <Shift>+"椭圆"按钮画脚趾,添充上黑色,两部分组合在一起,复制粘贴一排脚印。

我来试一试

根据所讲知识设计一张题为"我的未来"的卡片,要求使用图片、图形、艺术字和文本框(图片素材在案例原文件文件夹下的"试一试原件"文件夹下的"素材"文件夹里查找)。

我来归纳

图形、图片、艺术字和文本框的知识点与 Word 中是相同的，因此这部分内容 Word 可以处理的 Excel 也可以处理。

案例 11 期末成绩单我来做——综合练习

【教学指导】

由任务引入，演示讲解数据的录入、表格格式化、数据的统计、图表的使用、公式与函数的使用。综合复习 Excel 中所学的重点内容，帮助学生贯穿 Excel 各部分内容，巩固所学知识。

【学习指导】

 任务

通过对 Excel 的学习，豆子觉得自己现在可以做很多事情了。期末考试结束了，需要对本班的期末考试成绩进行处理，求平均分，排序，统计各分数段人数，制作图表。以前这些工作都要请教老师，现在豆子自己都可以解决了。看豆子怎么来完成的吧！成绩单如图 2-113 所示。

各班学生成绩单

班级	学号	姓名	性别	语文	数学	英语	计算机
0301	030102	包雷	男	67	95	80	73
0301	030107	丁宇	男	98	78	86	79
0301	030101	李菲菲	女	78	89	97	94
0301	030103	李明曦	女	78	98	85	71
0302	030202	白桥	女	95	95	82	98
0302	030204	李客	男	67	87	81	89
0302	030206	李雷	男	83	90	89	97
0302	030207	李学民	男	64	72	57	92
0303	030305	何雪	女	95	97	93	95
0303	030301	李丹	女	92	89	84	97

图 2-113　成绩单样表

 知识点及操作步骤

一、录入成绩单基本内容

选定单元格，输入各项内容，学号部分用"自动填充"功能。

> 注意：数值数据不能以"0"开头，因此在输入学号时应该用单引号"'"开头，再输入数据，如图 2-114 所示。所有的学号用"填充柄"自动填充输入。

图 2-114 自动填充样表

二、计算平均分

在 G2 单元格中插入函数,在"函数分类中"选择"常用函数"中平均数函数 "Average"计算平均分,用填充方法对所有同学求平均分,如图 2-115 所示。

扫码观看视频

图 2-115 平均分函数

三、排序

1)选中班级成绩单内容,单击"数据"选项卡中"排序"选项组中" "命令,弹出如图 2-116 所示的对话框,按"平均分"从高到低降序排序。

扫码观看视频

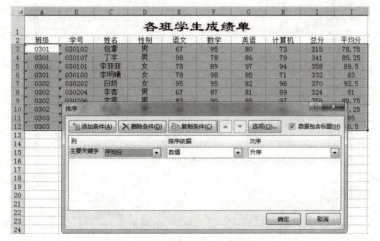

扫码观看视频

图 2-116 成绩单样表

2）用填充的方法，对排好序的成绩单添加名次项，如图 2-117 所示。

3）选中整个成绩单，按"学号"重新排序。

图 2-117 添加名次项

四、统计各分数段人数

使用"f_x"，在"函数分类"中选择"统计"中的"Countif"函数与公式配合使用，计算各分数段人数，如图 2-118 所示。

图 2-118 使用 Countif 函数计算人数

五、设置单元格格式

对各分数段人数所占百分数的数据设置单元格格式为百分比样式。选中单元格，单击"开始"选项卡中"单元格"选项组中"格式"下拉列表中的"设置单元格格式"按钮，对弹出对话框作如图 2-119 所示的设置。

图 2-119 单元格格式对话框

六、制作图表

对各分数段人数制作图表。执行"插入"选项卡中的"  "下拉列表选饼形二维图表，如图 2-120 所示。

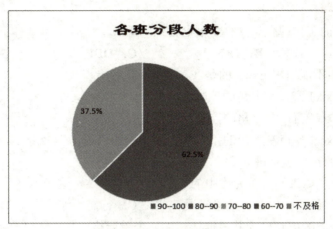

图 2-120　饼形图表

七、制作完成

对完成的学生成绩单进行修饰，加边框和标题栏，居中，制作完成，如图 2-121 所示。

	A	B	C	D	E	F	G	H
1	0301班考试成绩单							
2	学号	姓名	语文	数学	英语	计算机	平均分	名次
3	030101	李菲菲	78	89	97	94	89.5	1
4	030104	刘慧影	87	98	88	81	88.5	2
5	030107	丁宇	98	78	86	79	85.25	3
6	030103	李明曦	78	98	85	71	83	4
7	030108	张海燕	78	83	93	73	81.75	5
8	030102	包霏	67	95	80	73	78.75	6
9	030106	修莹玉	87	69	91	68	78.75	7
10	030105	王鹤	34	100	89	62	71.25	8
11		全班平均分		82.09375				
12								
13			90—100	80—90	70—80	60—70	不及格	
14		人数	0	5	3	0	0	
15		百分比	0.0%	62.5%	37.5%	0.0%	0.0%	

图 2-121　样表

我来试一试

一个学期结束的时候老师都要对同学们的成绩进行处理，按照本例的方法，对自己班级的成绩进行处理。

我来归纳

与其他应用软件一样，Excel 的使用方法非常简单易学，它提供的函数能解决很多实际工作中的问题，掌握这些函数的方法，在将来的生活中一定有机会大显身手。

 习题

一、单项选择题

1. Excel 保存的工作簿默认文件扩展名是（　　）。
   A．XLSX　　　　B．DOC　　　　C．DBF　　　　D．TXT
2. 下列方法中不能退出 Excel 的是（　　）。
   A．单击 Excel 窗口左上角的控制菜单框
   B．双击 Excel 窗口左上角的控制菜单框
   C．选择 Excel 窗口左上角的"文件"菜单中的"退出"命令
   D．按 <Alt+F4> 组合键
3. 在 Excel 中，如果一个单元格中的显示为"#####"，这表示（　　）。
   A．公式错误　　B．数据错误　　C．行高不够　　D．列宽不够
4. 在 Excel 中，区域 C3:E5 共占据（　　）个单元格。
   A．7　　　　　B．8　　　　　C．9　　　　　D．10
5. Excel 的主要功能是（　　）。
   A．表格处理、文字处理、文件处理　　B．表格处理、网络通信、图表处理
   C．表格处理、数据库管理、图表处理　　D．表格处理、数据库管理、网络通信

二、多项选择题

1. 在 Excel 中可选取（　　）。
   A．单个单元格　　　　　　　　　B．多个单元格
   C．连续单元格　　　　　　　　　D．不连续单元格
2. Excel 中，选取大范围区域，先单击区域左上角的单元格，将鼠标指针移到区域的右下角，然后（　　）。
   A．按 <Shift> 键，同时单击对角单元格
   B．按 <Shift> 键，同时用方向键拉伸欲选区域
   C．按 <Ctrl> 键，同时单击单元格
   D．按 <Ctrl> 键，同时双击对角单元格
3. 在 Excel 的打印预览中可以做到（　　）。
   A．显示上页和下页　　　　　　　B．修改工作表的内容
   C．设置页面边距　　　　　　　　D．调动打印对话框
4. 在 Excel 中移动图表的方法错误的是（　　）。
   A．用鼠标拖动图表区的空白处　　B．用鼠标右键拖动图表绘图区
   C．用鼠标拖动图表控制点　　　　D．用鼠标拖动图表边框
5. 在 Excel 的单元格中（　　）。
   A．可以包含数字　　　　　　　　B．可以包含文字
   C．可以是数字、字符、公式等　　D．以上都不对

三、填空题

1. 输入公式的操作类似于输入文字型数据,不同的是在输入一个公式时候总是以（　　　　）作为开头,然后才是公式的（　　　　）。
2. 要取消输入的公式,可以单击"编辑"中的（　　　　）按钮,使输入的公式作废。
3. 在工作表窗口中的常用工具栏中有一个自动求和按钮。利用这个按钮,可以对工作表中所设定的单元格自动求和,按钮实际代表了工作表函数中的（　　　　）函数。
4. 隐藏公式的单元格,在选定单元格时,公式（　　　　）出现在编辑栏中。
5. 创建一个新的工作簿时,有（　　　　）个默认的工作表。

四、判断题

1. （　　）在 Excel 中,只能水平对齐文本,无法垂直对齐文本。
2. （　　）在 Excel 中可以打开多个工作簿,因此可以同时对多个工作簿操作。
3. （　　）在 Excel 中,一个工作簿文件中可以建立多张工作表。
4. （　　）在 Excel 中,同一工作簿内的不同工作表可以有相同的名称。
5. （　　）插入单元格一定是插入一行或插入一列。

五、问答题

1. 在 Excel 中,清除单元格与删除单元格有什么不同?
2. 复制单元格与移动单元格有什么不同?
3. 相对引用和绝对引用有什么区别?
4. 在 Excel 中,如何计算文本格式的数据?
5. 在 Excel 中,如何将一列中的重复数据标记出来（以 D 列为例）?

第 3 篇　演示文稿（PowerPoint 2016）

球球发言

学校举行公开班会活动，豆子参观了高年级的主题班会。在班会上高年级学生运用 PowerPoint 2016 制作了班会节目单，形式新颖，很吸引他。他非常想了解 PowerPoint 这个软件，于是去请教球球。

豆子： PowerPoint 2016 也是 Office 里的软件吗？

球球： 对呀。PowerPoint 2016 是 Microsoft Office 的重要组成部分。

豆子： PowerPoint 是什么？它有什么作用呢？

球球： PowerPoint 是一种功能强大的演示文稿制作工具，使用它可以制作满足不同需求的演示文稿。使用 PowerPoint 制作的演示文稿可以通过不同的方式播放，可以将演示文稿打印成一页一页的幻灯片，还可以在演示文稿中设置各种引人入胜的视觉、听觉效果。

　　PowerPoint 可用于设计制作专家报告、教师授课、产品演示、广告宣传的电子版幻灯片，制作的演示文稿可以通过计算机屏幕或投影机播放。

　　使用 PowerPoint 不仅可以创建演示文稿，还可以在互联网上召开面对面会议、远程会议或在 Web 上给观众展示演示文稿。

❖ **本篇重点**

1) 了解 PowerPoint 2016 的新功能。
2) 认识 PowerPoint 2016 的窗口组成。
3) 学会新建和保存演示文稿。
4) 掌握编辑演示文稿的方法。
5) 会使用母版控制幻灯片外观。
6) 掌握图形、声音的使用方法。
7) 掌握动画的使用。
8) 会使用路径及动作按钮。
9) 能播放演示文稿。
10) 将演示文稿打包。

案例 1　多姿多彩——创建演示文稿

【教学指导】

由任务引入，了解 PowerPoint 2016 的新功能，PowerPoint 2016 窗口界面组成与设计原则，演示讲解 PowerPoint 2016 的启动、新建、保存、退出的方法，为以后学习演示文稿的其他内容打下良好的基础。

【学习指导】

豆子在一次公开班会上看到，高年级同学使用 PowerPoint 2016 制作的班会节目单图文并茂，十分引人入胜，在学习了 Word、Excel 之后非常想学一学 PowerPoint 软件，好使用它来制作演示文稿。接下来就和豆子一起进入 PowerPoint 2016 的学习。

一、PowerPoint 2016 的新功能

1. 新增六个图表类型

可视化对于有效的数据分析以及具有吸引力的故事分享至关重要。在 PowerPoint 2016 中，添加了 6 种新图表，以帮助用户创建财务或分层信息的一些最常用的数据可视化，显示用户数据中的统计属性。

当单击"插入"选项卡中"插图"选项组中"组表"按钮时，就会注意到 6 个特别适合于数据可视化的新选项，"树状图""旭日图""直方图""箱形图""瀑布图""组合"，如图 3-1 所示。

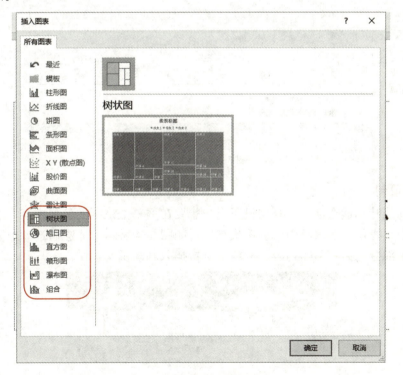

图 3-1　新增 6 个图表类型

2. 使用"操作说明搜索"框

在 PowerPoint 2016 功能区上有一个搜索框"告诉我您想要做什么",如图 3-2 所示,可以在其中输入想要执行的功能或操作,这已经非常人性化了。

图 3-2 "操作说明搜索"框

3. 墨迹公式

打开"插入"→"公式"→"墨迹公式",如图 3-3 所示,在这里可以手动输入复杂的数学公式。如果用户拥有触摸设备,则可以使用手指或触摸笔手动写入数学公式,PowerPoint 会将它转换为文本(如果用户没有触摸设备,也可以使用鼠标进行写入)。用户还可以在输入过程中擦除、选择以及更正所写入的内容。

图 3-3 墨迹公式

4. 屏幕录制

这项新功能特别适合演示,只需设置用户想要在屏幕上录制的任何内容,然后转到"插入"选项卡中"媒体"选项组中"屏幕录制",如图 3-4 所示,能够通过一个无缝过程选择要录制的屏幕部分、捕获所需内容,并将其直接插入到演示文稿中。

图 3-4 屏幕录制

5. 彩色、深灰色和白色 Office 主题

增加 4 个可应用于 PowerPoint 的 Office 的主题，如图 3-5 所示：彩色，深灰色、黑色和白色。若要访问这些主题，可单击"文件"→"账户"，然后单击"Office 主题"旁边的下拉菜单。

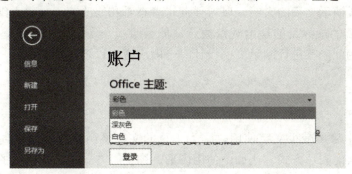

图 3-5　彩色、深灰色和白色 Office 主题

6. 智能查找

当用户选择某个字词或短语（例如"PowerPoint 2016"），右键选中并单击它，并选择智能查找，PowerPoint 2016 就会帮用户打开定义，如图 3-6 所示，定义来源于网络上搜索的结果，方便了很多。

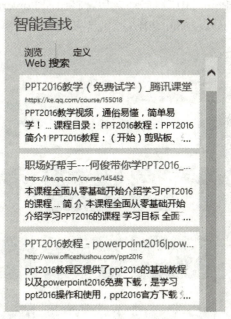

图 3-6　智能查找

二、演示文稿的组成与设计原则

演示文稿是由一张或若干张幻灯片组成的，每张幻灯片一般至少包含两部分内容：幻灯片标题（用来表明主题）、若干文本条目（用来论述主题）。另外，还可以包括图形、表格等其他对于论述主题有帮助的内容。如果是由多张幻灯片组成的演示文稿，通常在第一张幻灯片上单独显示演示文稿的主标题，在其余幻灯片上分别列出与主标题有关的子标题和文本条目。

在使用 PowerPoint 建立的演示文稿中，为了方便演讲者，还为每张幻灯片配备了备注栏，在备注栏中可以添加备注信息，在演示文稿播放过程中对演讲者起提示作用，在播放演示文稿时备注栏中的内容观众是看不到的。PowerPoint 还可以将演示文稿中每张幻灯片中的主要文字说明自动组成演示文稿的大纲，以方便演讲者查看和修改演示文稿大纲。

制作演示文稿的最终目的是给观众演示，能否给观众留下深刻印象是评定演示文稿效果的主要标准。为此，在进行演示文稿设计时一般应遵循以下设计原则。

① 重点突出。
② 简捷明了。
③ 形象直观。

在演示文稿中尽量减少文字使用，因为大量的文字说明会使观众感到乏味，尽可能地使用其他能吸引人的表达方式，比如，使用图形、图表等方式。如果需要的话，还可以加入声音、动画和影片剪辑等来加强演示文稿的表达效果。

三、启动、新建、保存和退出

1. 启动 PowerPoint 2016

要使用 PowerPoint 2016，第一步要做的工作就是启动 PowerPoint 2016。双击 图标即可启动 PowerPoint 2016。启动之后，将出现 PowerPoint 2016 的启动界面，如图 3-7 所示，PowerPoint 2016 提供了多种样式的模板和主题。

扫码观看视频

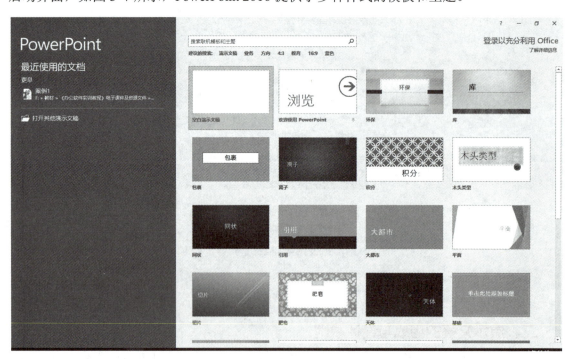

图 3-7　PowerPoint 2016 的启动界面

2. 新建 PowerPoint 2016 演示文稿

选择相应的模板和主题后，就会自动新建演示文稿，如图 3-8 所示，在当前的界面下即可编辑演示文稿。

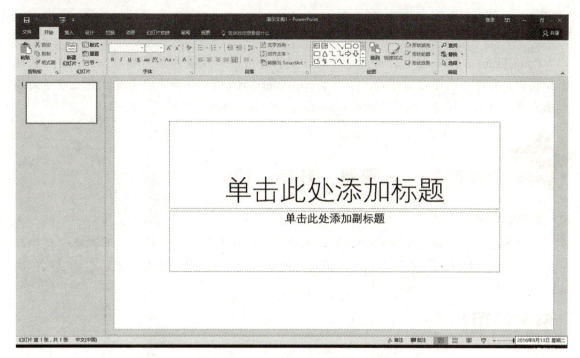

图 3-8　PowerPoint 2016 的窗口界面

3. 保存 PowerPoint 2016 演示文稿

保存 PowerPoint 2016 演示文稿的方法有以下 3 种。
1）单击窗口左上方的 ■ 按钮，保存当前演示文稿。
2）执行"文件"选项卡中"保存"命令。
3）按下 <Ctrl+S> 组合键，完成保存。

4. 退出 PowerPoint 2016

退出 PowerPoint 2016 的方法有以下 4 种。
1）单击窗口右上角 ✕ 按钮。
2）执行窗口控制菜单中的"关闭"命令。
3）执行"文件"选项卡中"退出"命令。
4）按 <Alt+F4> 组合键，完成退出操作。

 我来试一试

1）启动 PowerPoint 2016。
2）说出 PowerPoint 2016 的界面有哪些部分组成。
3）观察 PowerPoint 2016 的界面上与以往学习的软件如 Word 2016 界面的异同处。
4）在"模板和主题"中选择"平面"主题的演示文稿，并将演示文稿保存后退出。

我来归纳

PowerPoint 2016 的启动、新建、保存、退出的方法以及操作界面都与 Word 2016 软件十分相似。有了前面学习的基础，掌握 PowerPoint 2016 的操作会更容易些。建立演示文稿也很方便，使用"新建"选项中的模板和主题可建立各种类型的演示文稿。

案例 2 个性自我——视图、开始、设计

【教学指导】

由任务引入，了解演示文稿的视图及特点，了解母版的含义及作用，掌握格式化幻灯片的方法，能熟练应用"设计"制作风格统一的演示文稿，能使用背景样式、自定义颜色来修饰演示文稿。

【学习指导】

 **任务**

在学会了建立新演示文稿的方法后，豆子发现自己的演示文稿中的文本很呆板、不是很美观，他非常希望掌握演示文稿的格式化方法，能学习一些修饰演示文稿的方法，能按照自己的想法把演示文稿设计得更出色。

 知识点

一、演示文稿的视图

PowerPoint 2016 演示文稿的视图分为演示文稿视图和母版视图。其中，演示文稿视图包括普通视图、幻灯片浏览、备注页和阅读视图；母版视图包括幻灯片母版、讲义母版和备注母版。

扫码观看视频

1. 演示文稿视图的功能及特点（以"平面"模板主题为例）

（1）普通视图

系统默认视图，由大纲栏、幻灯片栏以及备注栏组成。大纲栏主要用于显示、编辑演示文稿的大纲，其中列出了演示文稿中每张幻灯片的页码、主题以及相应的要点。幻灯片栏主要用于显示、编辑演示文稿中幻灯片的详细内容。备注栏主要用于为对应的幻灯片添加提示信息，对演讲者起备忘、提示作用，在实际播放演示文稿时观众看不到备注栏中的信息。如图 3-9 所示。

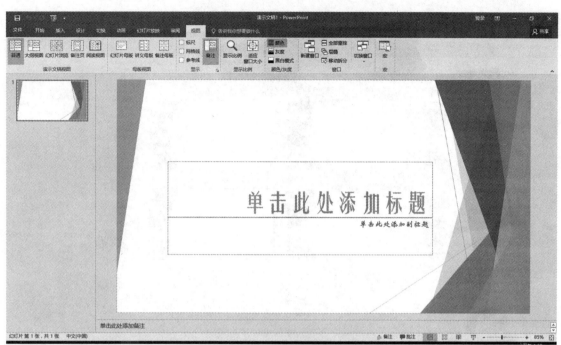

图 3-9　普通视图

（2）大纲视图

编辑幻灯片并在大纲窗格中在幻灯片之间跳转，可以通过将大纲从 Word 粘贴到大纲窗格来轻松地创建整个演示文稿，如图 3-10 所示。

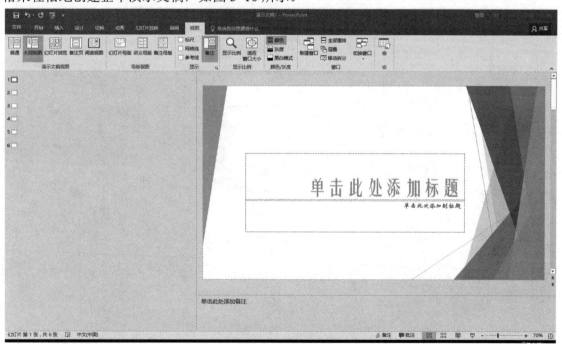

图 3-10　大纲视图

（3）幻灯片浏览视图

以最小化的形式显示演示文稿中的所有幻灯片，在这种视图下可进行幻灯片顺序调整、幻灯片动画设计、幻灯片放映设置和幻灯片切换设置等，如图3-11所示。

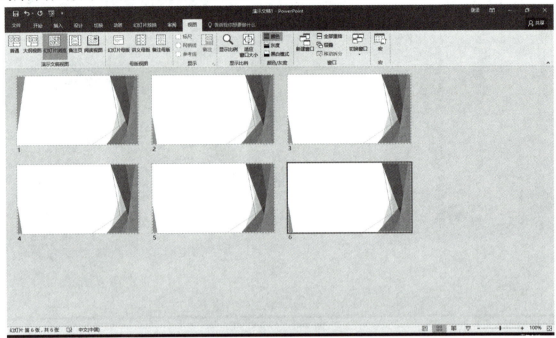

图3-11　幻灯片浏览视图

（4）备注页视图

查看备注页内容，可以编辑演讲者备注的打印外观，如图3-12所示。

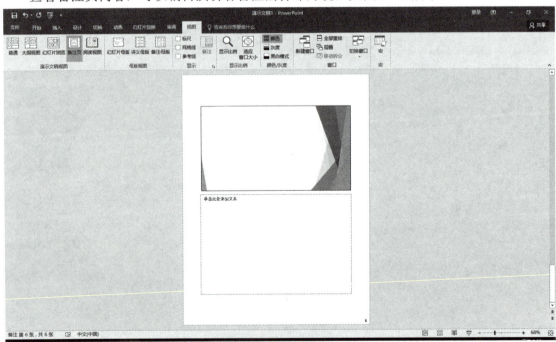

图3-12　备注页视图

（5）阅读视图

将演示文稿作为适应窗口大小的幻灯片放映，以查看演示文稿的放映效果，如图3-13所示。

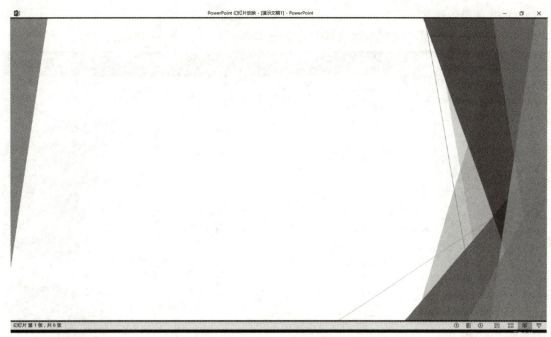

图 3-13 阅读视图

2. 母版视图的功能及特点（以"平面"模板主题为例）

幻灯片母版是一类特殊的幻灯片，使用幻灯片母版可以控制幻灯片中某些文本特征（如字体、字号和颜色）、背景颜色和某些特殊效果（如阴影和项目符号样式等），使演示文稿内容具有统一的风格。

（1）幻灯片母版视图

打开幻灯片母版视图，以更改母版幻灯片的设计和版式，如图 3-14 所示。

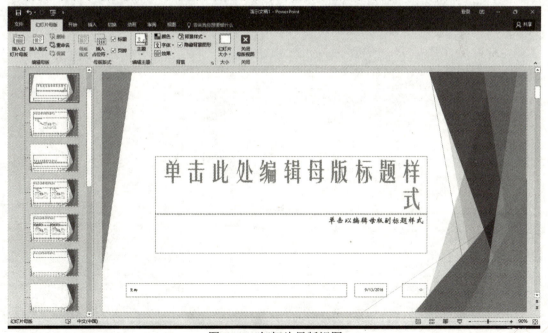

图 3-14 幻灯片母版视图

(2)讲义母版视图

打开讲义母版视图，以更改讲义的打印设计和版式，如图 3-15 所示。

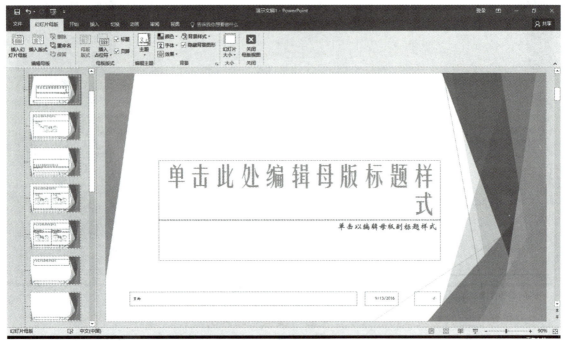

图 3-15　讲义母版视图

(3)备注母版视图

打开备注母版视图，以更改备注的打印设计和版式，如图 3-16 所示。

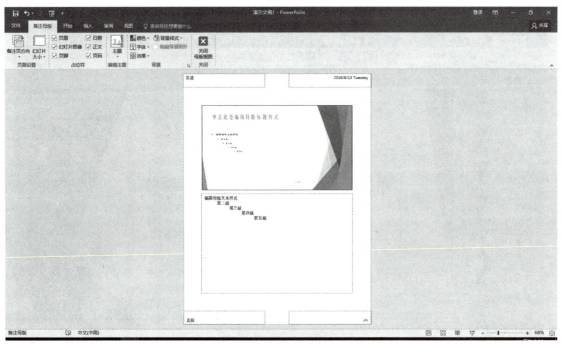

图 3-16　备注母版视图

二、演示文稿的格式化

PowerPoint 2016 功能区中的"开始"选项卡中提供了编辑演示文稿格式的相应功能的按钮，可方便用户使用。如图 3-17 所示。

扫码观看视频

图 3-17 "开始"选项卡

1．剪贴板
剪贴板区包括粘贴、剪切、复制、格式刷等功能按钮。

2．幻灯片
幻灯片区包括新建幻灯片、版式、重设、节等功能按钮。其中"版式"中提供了各种版式的幻灯片，用户可根据内容的不同选择相应的版式。

3．字体
字体区主要是对幻灯片中的文字进行格式化的功能按钮。

4．段落
段落区主要是对幻灯片中的段落进行格式化的功能按钮。

5．绘图
绘图区包含绘制各种图形的功能按钮以及对绘制图形进行格式化的功能按钮。

6．编辑
编辑区包含查找、替换、选择等功能按钮。

操作步骤

1）在新建幻灯片中单击"单击此处添加标题"占位符，则虚线框变为含有 8 个控制点的标题框。

2）在光标闪烁处输入主标题内容"班级是我们共同的家"，输入的文本将在标题框中自动居中，如需换行，可以按 <Enter> 键。默认字体格式为宋体、字号为 44 号。

3）选中标题文本，设置字体为隶书、字号为 54 号、字体颜色为深红。

4）输入了文本后，在标题框外单击鼠标或者按 <Esc> 键，完成主标题输入。

5）使用同样的方法，可以向幻灯片中添加副标题"二年二班主题班会"。设置字体为楷体、字号为 32 号、加粗、右对齐、字体颜色为深红。

三、演示文稿的设计

PowerPoint 2016 功能区中的"设计"选项卡中提供了演示文稿设计的相应功能的按钮，如图 3-18 所示。

扫码观看视频

1．主题

PowerPoint 2016 为用户提供了几十种主题，用户可根据自己的需要进行选择。用户选定主题后还可以自行调整颜色的配色方案，如图 3-19 所示。用户可以选择将某个主题应用于选定的幻灯片还是所有幻灯片。

图 3-18 "设计"选项卡

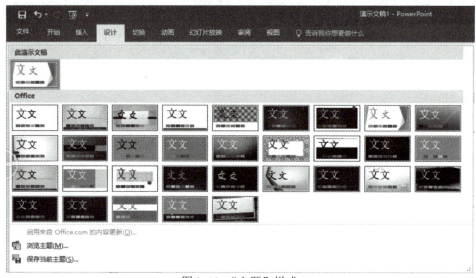

图 3-19 "主题"样式

2. 变体

变体包含颜色、字体、效果、背景样式。用户还可以每一级的子菜单中自定义设置变体格式,如图 3-20 所示。

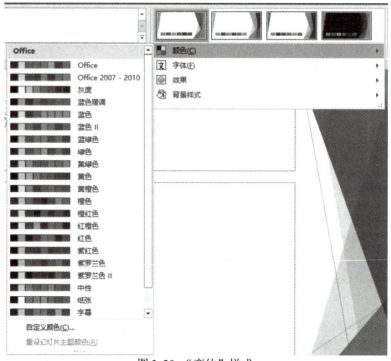

图 3-20 "变体"样式

3. 自定义

自定义命令组中包含"幻灯片大小"和"设置背景格式"两个功能。单击"幻灯片大小"将出现下一级子菜单，如图3-21所示。单击"设置背景格式"按钮，将出现"设置背景格式"任务窗格，可在任务窗格中进行自定义设置，如图3-22所示。

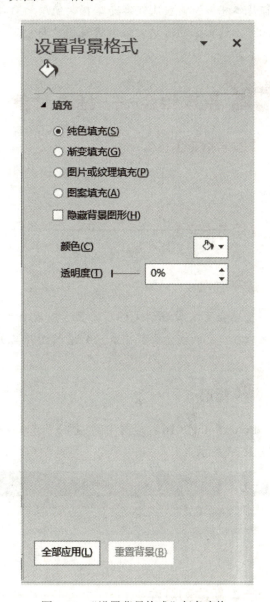

图3-21 "幻灯片大小"设置　　　　图3-22 "设置背景格式"任务窗格

我来试一试

以"感恩"为主题，为班级的班会制作演示文稿。

 我来归纳

文本输入及文本格式设置与 Word 中是一样的，幻灯片的移动、复制、删除操作与文件操作基本相似。这些比较容易掌握。使用幻灯片设计中的主题、自定义颜色和背景样式等功能，可以让自己的演示文稿风格统一又与众不同。

 绘声绘色——插入对象

【教学指导】

由任务引入，掌握插入剪贴画、图片、图表、声音和超链接的方法，使演示文稿声情并茂、丰富生动。

【学习指导】

 任务

在学会了编辑演示文稿后，豆子发现自己的演示文稿中还缺少图片和声音，他很希望马上能在自己的演示文稿中加入好看的图片与美妙的声音。

 知识点

PowerPoint 2016 功能区中的"插入"选项卡中提供了在演示文稿中插入各种对象的按钮。如图 3-23 所示。

图 3-23 "插入"选项卡

一、新建幻灯片

在演示文稿中添加幻灯片，并可在"新建幻灯片"下拉选项中选择自定义幻灯片的平面组合形式，如图 3-24 所示。

二、表格

PowerPoint 2016 中可以插入和绘制表格，并可以创建 Excel 电子表格。

扫码观看视频

第 3 篇　演示文稿（PowerPoint 2016）

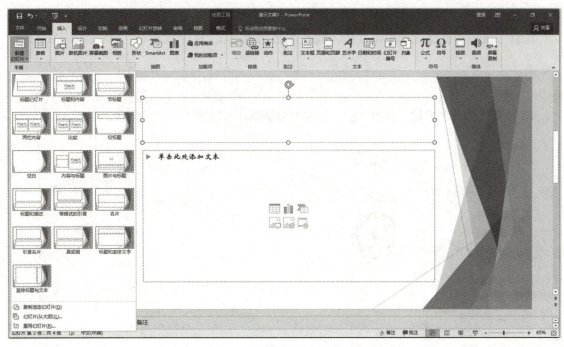

图 3-24　"新建幻灯片"菜单

操作步骤

1）单击"表格"按钮，出现"表格"下拉菜单，如图 3-25 所示。

2）在"□"上拖动鼠标至相应大小的表格，单击鼠标左键即可完成表格的绘制。

3）选择"插入表格"选项，将弹出"插入表格"对话框，设置表格的行、列数，单击"确定"按钮完成表格的绘制。

4）选择"绘制表格"选项，可以自定义绘制表格。

5）选择"Excel 电子表格"选项，可以插入电子表格界面。

图 3-25　"表格"下拉菜单

三、图像

在 PowerPoint 2016 中可以插入图片、剪贴画、屏幕截图和相册等。

1. 图片

插入来自文件的图片。

2. 联机图片

从各种联机来源中查找和插入图片。

3. 屏幕截图

插入截取的任何未最小化到任务栏的程序的图片。

扫码观看视频

173

4. 相册

根据一组图片新建一个演示文稿，每个图片占用一张幻灯片。

操作步骤

1）单击"图片"按钮，弹出"插入图片"对话框，可以插入选定的图片，如图 3-26 所示。

图 3-26 "插入图片"对话框

2）单击"联机图片"按钮，弹出"插入图片"对话框，如图 3-27 所示。

图 3-27 "插入联机图片"对话框

3）单击"屏幕截图"按钮，出现"屏幕截图"下拉菜单，插入任何未最小化到任务栏的程序的图片，如图 3-28 所示。

图 3-28 "屏幕截图"下拉菜单

4）单击"相册"按钮，将弹出"相册"对话框，根据一组照片新建一个演示文稿，如图 3-29 所示。

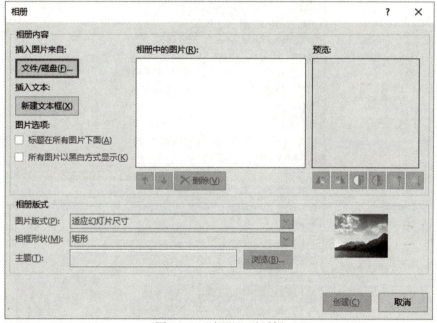

图 3-29 "相册"对话框

四、插图

在 PowerPoint 2016 中可以插入形状、SmartArt 和图表等对象。

1. 形状

插入现成的形状，如矩形和圆、箭头、线条、流程图符号和标注。

2. SmartArt

插入 SmartArt 图形以直观的方式交流信息。SmartArt 图形包括图形列表、流程图以及更为复杂的图形，例如，维恩图和组织结构图。

3. 图表

插入图表，用于演示和比较数据，可用的类型包括条形图、饼图、折线图、面积图和

扫码观看视频

曲面图等。

操作步骤

1）单击"形状"按钮，出现"形状"下拉菜单，在列表中单击所选中的形状，即可插入形状对象，如图 3-30 所示。

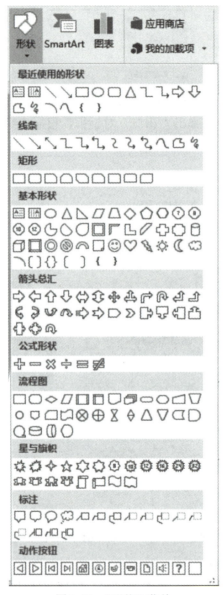

图 3-30 "形状"菜单

2）单击"SmartArt"按钮，出现"选择 SmartArt 图形"对话框，在列表中选择合适的 SmartArt 图形，单击"确定"按钮即可，如图 3-31 所示。

3）单击"图表"按钮，出现"插入图表"对话框，在列表中选择合适的 SmartArt 图形图表，单击"确定"按钮即可，如图 3-32 所示。

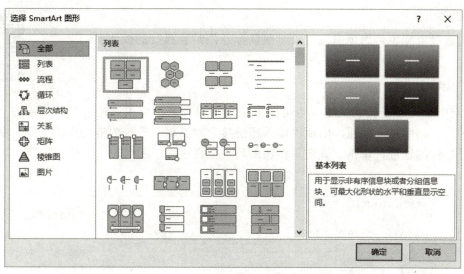

图 3-31 "选择 SmartArt 图形"对话框

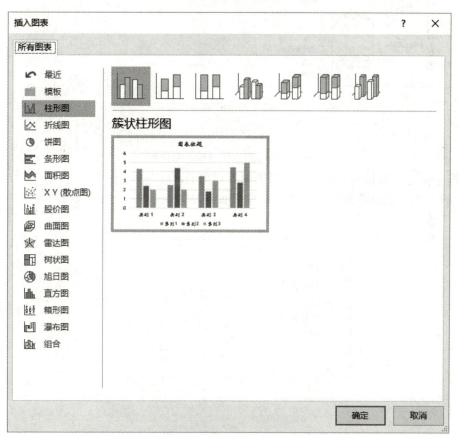

图 3-32 "插入图表"对话框

五、链接

1. 超链接

在文档中创建链接以快速访问网页和文件,还可以转到文档的其他位置。

2. 动作

为所选对象提供当您单击该对象时或鼠标悬停时要执行的操作。

扫码观看视频

操作步骤

1）选中要建立链接的文本（也可以是图形等对象），单击"插入"选项卡中"链接"选项组中的"超链接"按钮，出现"插入超链接"对话框，选择要链接到的文件、网页文档或者电子邮件的地址，单击"确定"按钮即可，如图3-33所示。

图3-33 "插入超链接"对话框

2）选中要建立链接的文本（也可以图形等对象），单击"动作"按钮，出现"动作设置"对话框，设置相应的动作属性，单击"确定"按钮即可，如图3-34所示。

图3-34 "动作设置"对话框

六、文本、符号

PowerPoint 2016 中插入文本和符号的方法与 Word 2016 相同，在此就不再赘述。

扫码观看视频

七、媒体

PowerPoint 2016 中可以插入视频、音频和屏幕录制。

扫码观看视频

1. 视频

在幻灯片中插入联机视频和计算机上的视频。

2. 音频

在幻灯片中插入计算机上的音频或者录制音频。

3. 屏幕录制

录制计算机屏幕或者相关音频，再将录制内容插入到幻灯片中。

我来试一试

1）新建一个演示文稿，在第一张幻灯片中分别输入"形状""图片""图表""视频"文本。
2）在第二张幻灯片中插入形状。
3）在第三张幻灯片中插入图片。
4）在第四张幻灯片中插入图表。
5）在第五张幻灯片中插入视频文件。
6）分别把第一张幻灯片中的文本与其他幻灯片建立链接。

我来归纳

在幻灯片中插入图表、图片、视频、音频和链接，这些操作都使用插入命令，过程简单，现在演示文稿内容丰富多了。

案例 4　轻舞飞扬——切换、动画

【教学指导】

由任务引入，学会使用幻灯片切换功能，熟练运用动画自定义幻灯片，了解动画路径的概念，能熟练运用"动作路径"设置动画，让演示文稿生动起来。

【学习指导】

任务

豆子制作的演示文稿基本成形了，可是他还是不满意，因为他的演示文稿中没有动画，不够生动,他非常希望可以制作出能动的演示文稿。

知识点

一、幻灯片的切换

幻灯片的切换是指由一个幻灯片移动到另一个幻灯片时屏幕显示的变化情况。在默认情况下,可以通过单击在各张幻灯片之间切换,且各张幻灯片打开时也没有什么效果。为了使幻灯片在播放时能有一些特色,可使用幻灯片"切换"命令来设置,如图3-35所示。

扫码观看视频

图3-35 "切换"选项卡

操作步骤

1)选中幻灯片。
2)在"切换到此幻灯片"选项组中,选择相应的幻灯片切换效果。
3)在"切换"选项卡中可以进一步设置"声音""持续时间""换片方式"等属性。
4)单击"预览"按钮观看切换效果。
5)单击"全部应用"按钮,对所有幻灯片应用相同切换方式。

二、动画效果

PowerPoint 2016有着丰富的动画动作选项,让用户可以快捷地设计出场景的切换效果。在PowerPoint 2016中,用户可以通过简单的设置,让指定对象沿着指定路径移动,做出各种复杂的运动曲线,使用它用户可以打造出更加动感的演示文稿,"动画"选项卡如图3-36所示。

扫码观看视频

图3-36 "动画"选项卡

1. 自定义动画

操作步骤

扫码观看视频

1)选中要自定义动画效果的对象。
2)在"动画"区域选定相应的动画效果,单击即可,如图3-37所示。

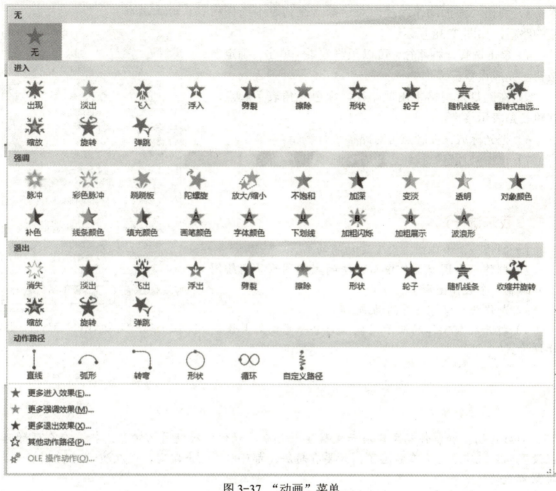

图 3-37 "动画"菜单

3）在"计时"区域，可以设置开始、持续和延迟等属性。
4）对幻灯片中的所有对象进行重新排序。
5）单击"预览"按钮，观看动画效果。

2．动画刷

在 PowerPoint 2016 中用户可以通过"动画刷"工具，将某个动画动作设置应用在其他对象中，从而免除了用户重复操作的麻烦，使用方法也很简单，和"格式刷"使用方法相同。

3．动作路径

"动作路径"是指定对象运动的路径，是幻灯片动画的一部分。PowerPoint 2016 自带基本、直线和曲线、特殊 3 类"动作路径"，可以直接使用这些"动作路径"。

操作步骤

1）选择要显示动画的文本项目或对象。
2）在"添加动画"的下拉菜单中选择"其他动作路径"选项。

3）弹出"添加动作路径"对话框，在列表中选择相应的路径，如图3-38所示。

4）单击选择一种路径，可以预览效果。单击"确定"按钮，完成设置。

5）在幻灯片窗格中出现路径，绿色三角表示起点，红色三角表示终点。

6）把光标放在控制点可对路径进行编辑。

7）单击"预览"按钮，查看动画效果。

图3-38 "添加动作路径"对话框

 我来试一试

1）制作一个小球由上至下运动的动画。

2）制作一个围绕几何中心旋转的太阳图形（用绘图工具绘制一个太阳图形）。

3）制作两只蝴蝶飞舞的动画。

4）打开之前制作的演示文稿，为每一页幻灯片设置切换方式。

 我来归纳

幻灯片切换和制作动画让演示文稿生动起来，动作路径就是为对象选择一个合适的路径设置动画，实在是太有意思了，只要有想法，都可以用它来实现，现在演示文稿中每一个对象都能动起来。

 案例5 隆重推出——放映、导出

【教学指导】

由任务引入，了解演示文稿的播放方式，会使用排练计时计算播放时间，能为演示文稿录制旁白，能自由地放映演示文稿。学会使用打包命令，为自己的演示文稿进行打包，会打印幻灯片。

【学习指导】

 任务

演示文稿制作完成以后，豆子非常想播放演示文稿，让别人看一看自己的作品，还想给它配上旁白，真正实现声情并茂。而且经过这段时间的学习，豆子对自己制作的演示文稿作品很满意，希望能把它打包成CD进行发布。

第 3 篇　演示文稿（PowerPoint 2016）

 知识点

一、演示文稿的放映

PowerPoint 2016 为用户提供了多种播放方式，并且可以自定义设置放映的类型以及录制旁白等。"幻灯片放映"选项卡如图 3-39 所示。
扫码观看视频

图 3-39　"幻灯片放映"选项卡

1．开始放映幻灯片

对于当前的演示文稿，用户可以选择"从头开始"或是"从当前幻灯片开始"播放演示文稿。PowerPoint 2016 同时提供联机放映和自定义幻灯片放映，可以对同一个演示文稿进行多种不同的放映方式。

 操作步骤

1）单击"自定义放映"按钮，打开"定义自定义放映"对话框，所图 3-40 所示。

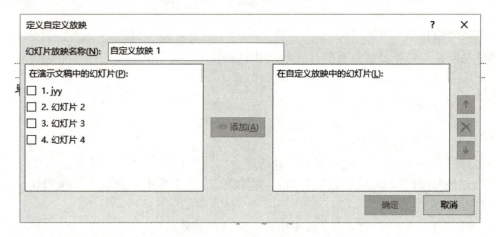

图 3-40　"定义自定义放映"对话框

2）输入幻灯片放映名称。

3）在"演示文稿中的幻灯片"栏中，单击所选幻灯片，再单击"添加"按钮，这时该幻灯片出现在右侧的"在自定义放映中的幻灯片"栏中。

4）按照以上步骤，把其余的幻灯片加入到"在自定义放映中的幻灯片"栏中。

5）选择完毕后，单击"确定"按钮，重新出现"自定义放映"对话框。

6）如需要重新编辑自己制作的演示文稿，可单击"编辑"按钮。

7）编辑完成后，单击"放映"按钮。

183

2. 设置

设置幻灯片放映的高级选项。"设置放映方式"对话框如图 3-41 所示。

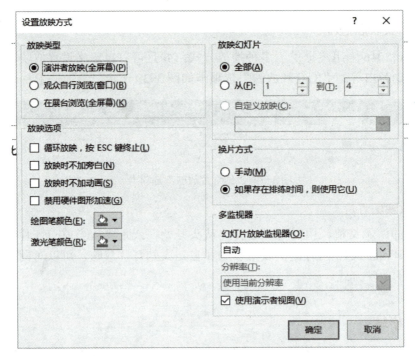

图 3-41 "设置放映方式"对话框

3. 排练计时

排练计时是指预先设置每页幻灯片的播放时间。

操作步骤

1）单击"排练计时"按钮。

2）幻灯片放映以后，出现"预演"对话框。

3）当前幻灯片的放映时间设置好后，在当前幻灯片上单击，出现下一张幻灯片，对下一张进行设置。

4）重复步骤 3），完成演示文稿中所有幻灯片的放映时间设置。

5）当演示文稿中所有幻灯片的放映时间设置完成后，会出现如图 3-42 所示的对话框，确认演示文稿的总体放映时间，单击"是"按钮，将设置保存起来。

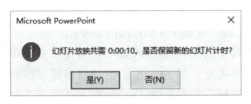

图 3-42 确认排练时间

4. 录制幻灯片演示

录制音频旁白、激光笔势、幻灯片和动画计时,在放映幻灯片时播放。

操作步骤

1)单击"录制幻灯片演示"。
2)弹出如图 3-43 所示的对话框,设置相应的选项。
3)单击"开始录制"按钮。
4)用户可以选择"从头开始录制"或者"从当前幻灯片开始录制",如图 3-44 所示。

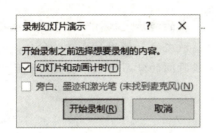

图 3-43 "录制幻灯片演示"对话框

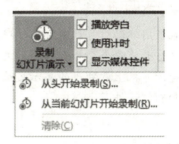

图 3-44 "录制幻灯片演示"菜单

二、导出

PowerPoint 2016 提供了多种类型的导出功能,用户可根据自己的需要保存相应格式的演示文稿,如图 3-45 所示。

扫码观看视频

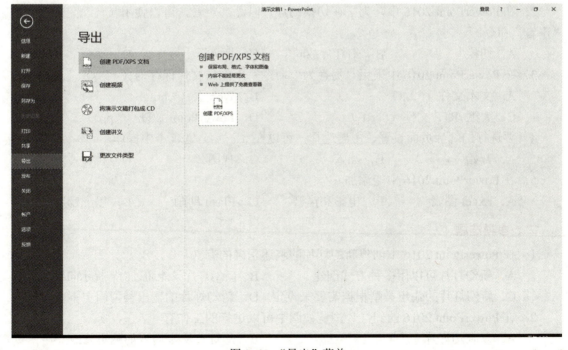

图 3-45 "导出"菜单

 我来试一试

1）用计算机屏幕播放我的演示文稿。
2）为我的演示文稿录制旁白。
3）自定义放映我的演示文稿。
4）把我的演示文稿打包成文件夹存在桌面上。

 我来归纳

现在使用"幻灯片放映"→"观看放映"命令，我的演示文稿就可以在屏幕上播放了。还使用"自定义命令"为我的演示文稿定义了几个播放文稿。使用"发送"命令，就可以在任何一台计算机上看到我的演示文稿了。经过这一段时间的学习自己很受益，我已经能帮助任课教师制作课件了。

 习题

一、单项选择题

1. PowerPoint 2016 的各种视图中，显示单个幻灯片以进行文本编辑的视图是（　　）。
   A．普通视图　　　　　　　　　　B．幻灯片浏览视图
   C．幻灯片放映视图　　　　　　　D．大纲视图
2. 在 PowerPoint 2016 中，为了在切换幻灯片时添加声音，可以使用（　　）选项卡的"声音"命令。
   A．切换　　　　B．幻灯片放映　　　C．插入　　　D．动画
3. 在 PowerPoint 2016 中采用"另存为"命令，不能将文件保存为（　　）。
   A．文本文件（*.txt）　　　　　　B．Web 页（*.htm）
   C．大纲/RTF 文件（*.rtf）　　　　D．PowerPoint 放映（*.pps）
4. 要进行幻灯片页面设置、主题选择，可以在（　　）选项卡中操作。
   A．开始　　　　B．插入　　　　C．视图　　　　D．设计
5. 在 PowerPoint 2016 中能添加（　　）。
   A．Excel 图表　　B．电影和声音　　C．Flash 动画　　D．以上都对

二、多项选择题

1. 在 PowerPoint 2016 中创建新幻灯片的叙述正确的有（　　）。
   A．新幻灯片可以用多种方式创建　　B．新幻灯片只能通过内容提示向导来创建
   C．新幻灯片的输出类型根据需要来设定　D．新幻灯片的输出类型固定不变
2. 在 PowerPoint 2016 的幻灯片浏览视图中可以进行的工作有（　　）。
   A．复制幻灯片　　　　　　　　　B．幻灯片文本内容的编辑修改
   C．设置幻灯片的动画效果　　　　D．可以进行动画设置

3. 在 PowerPoint 2016 中下列关于幻灯片的占位符中插入文本的叙述正确的有（　　）。
   A．插入的文本一般不加限制　　　　B．插入的文本文件有很多条件
   C．标题文本插入在状态栏进行　　　D．标题文本插入在大纲区进行
4. 在 PowerPoint 2016 中，用文本框工具在幻灯片中添加图片操作，下列叙述正确的有（　　）。
   A．添加文本框可以从菜单栏的插入菜单开始
   B．文本插入完成后自动保存
   C．文本框的大小不可改变
   D．文本框的大小可以改变
5. 在 PowerPoint 2016 中，下列说法正确的有（　　）。
   A．文本选择完毕，所选文本会变成反白　B．文本选择完毕，所选文本会变成闪烁
   C．单击文本区会显示文本控制点　　　　D．单击文本区，文本框会变成闪烁

三、填空题

1. PowerPoint 2016 演示文稿的扩展名是（　　）。
2. 从当前幻灯片开始，放映幻灯片的快捷键是（　　）。
3. 从第一张幻灯片开始，放映幻灯片的快捷键是（　　）。
4. 在 PowerPoint 2016 中快速复制一张同样的幻灯片，快捷键是（　　）。
5. 在 PowerPoint 2016 中对幻灯片进行另存、新建、打印等操作时，应在（　　）选项卡中进行操作。

四、判断题

1. （　　）在 PowerPoint 2016 的幻灯片上可以插入多种对象，除了可以插入图形、图表外，还可以插入公式、声音和视频。
2. （　　）在 PowerPoint 2016 的大纲视图中，可以增加、删除、移动幻灯片。
3. （　　）用 PowerPoint 2016 的普通视图，在任何一个时刻，主窗口内只能查看或编辑一张幻灯片。
4. （　　）PowerPoint 2016 在放映幻灯片时，必须从第一张幻灯片开始放映。
5. （　　）在幻灯片放映过程中，用户可以在幻灯片上写字或画画，这些内容将保存在演示文稿中。

五、问答题

1. 用 PowerPoint 2016 制作好幻灯片后，可以根据需要使用三种不同的方法放映幻灯片，这三种放映类型是什么？
2. PowerPoint 2016 中提供了六种视图方式，分别是什么？
3. 给幻灯片添加切换效果是一种简单而有效的避免枯燥性的方法，其操作是什么？
4. 在 PowerPoint 2016 中，把文本从一个地方复制到另一个地方的顺序是什么？
5. 在 PowerPoint 2016 中自带几类动作路径，分别是什么？

第 4 篇　电子邮件发送及管理（Outlook 2016）

球球发言

豆子：我的工作越来越忙，朋友间的见面也越来越少，同学说大家用电子邮件来联络多好啊。可是我的电子邮箱有几个，单独用起来太麻烦了，还是用 Outlook 软件来管理一下吧。请球球专家来讲解一下 Outlook 2016 都有哪些特点吧。

球球：Outlook 2016 是电子邮件通信和个人信息的管理软件，能够在同一个界面管理多个邮箱的电子邮件账户，它的"对话视图"在节省宝贵的收件箱空间的同时，改进了跟踪和管理电子邮件对话的功能。还可以将较长的电子邮件线程缩略在一个主题下，从而释放收件箱空间，几次点击即可分类、归档、忽略或清理。使用新增的邮件提示功能，当用户需要向大型通讯组列表、办公室以外的某人或组织之外的个人发送电子邮件时，将出现警告。使用电子邮件日历功能，可以管理用户的日历，帮助用户提示重要的约会，分享会议时间，安排会议以及得到提醒。还可以将计划发送给其他人，以便他人能够快速找到下次约会的时间。如果外部设备允许，则收件箱可以直接接收语音邮件和传真，并能够使用计算机、Outlook Mobile 或 Outlook Web Access 在几乎任何地方进行访问。如果用户使用 Facebook、LinkedIn 或其他类型的社交或商业网络，则可以使用 Outlook 2016 获取有关人的其他信息，如共同的朋友及社交信息，并与用户的社交圈和商业圈保持较好的联系。Outlook 2016 还可以从用户的计算机或云处理共享 Office 附件。可以说，Outlook 2016 是现代化生活不可缺少的信息工具。

❖ **本篇重点**

1）了解 Outlook 2016 的基本知识，认识其界面。
2）学会在 Outlook 2016 中配置多个电子邮件账户。
3）使用 Outlook 2016 收发电子邮件，对邮件页面进行美化、插入附件。
4）管理邮件。
5）使用日程表进行约会安排，计划工作。

案例 1　Outlook 2016 设置多个电子邮件账号

【教学指导】

通过在 Outlook 2016 中设置 QQ 邮箱和 126 邮箱账号，讲授电子邮件的传输协议及区别，

第4篇 电子邮件发送及管理（Outlook 2016）

认识 Outlook 2016 的工作界面及文件、视图功能区的应用，掌握设置电子邮件账号、浏览电子邮件的方法，了解简单的 Outlook 2016 界面组成，使学生掌握 Outlook 2016 的初步使用，理解电子邮件在网络中的传输机制，学会在 Outlook 2016 中设置电子邮件账号。

【学习指导】

 任务

听说 Outlook 2016 可以免去每天登录多个邮箱的麻烦，今天豆子要把自己最常用的 QQ 邮箱和 126 邮箱设置到 Outlook 2016 中，并浏览球球主编发的邮件，涉及网络的连接知识。作为 Office 系列软件中的一员，它的界面一定和前面的 Word、Excel、PPT 等软件非常相似。虽然从未接触过 Outlook 2016，但是豆子有信心让 Outlook 2016 很好地为自己服务！

 知识点

一、启动 Outlook 2016

启动 OutLook 2016 的方法与启动其他 Office 软件的方法一致，通过开始菜单或是双击快捷方式都可以启动 Outlook 2016。

二、Outlook 2016 的窗口组成

与其他 Office 软件一样，Outlook 2016 的窗口最上端为快速访问工具栏、当前位置、软件信息以及窗口控制按钮。窗口顶部为功能区，它将常用的命令和按键放在方便使用的地方，下方由各显示窗格组成，如图 4-1 所示。

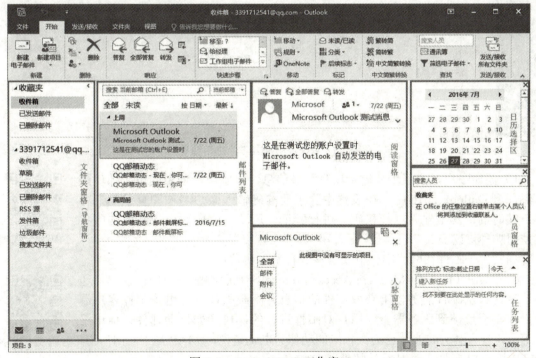

图 4-1 Outlook 2016 工作窗口

单击 ∧ 按钮隐藏功能区除选项卡名称外所有内容，再次单击"开始"选项卡则可以显示刚才隐藏起来的功能区。单击"视图"选项卡中"布局"选项组中的按钮可以打开下拉列表来设置相应窗格的显示或隐藏，让用户能够按照最适合自己的方式来设置 Outlook 工作窗口。

在整个窗口的最下面有两个非常有用的小按钮，左侧 □ 为"正常"视图，图 4-1 即为正常视图；右侧 ▣ 为"读取"视图，"读取"视图只显示收件箱邮件列表、阅读窗格和人员窗格而不再显示更多内容，如想返回只需单击"正常"视图按钮。

在 Outlook 2016 中按下键盘上的 <Alt> 键里，软件会出现提示，然后只要去按用户想要的功能命令所对应的按键就可以了。

三、电子邮件账号管理

Outlook 2016 对于电子邮件账号的管理主要通过"文件"功能区中的"信息"页面来进行，如图 4-2 所示。

扫码观看视频

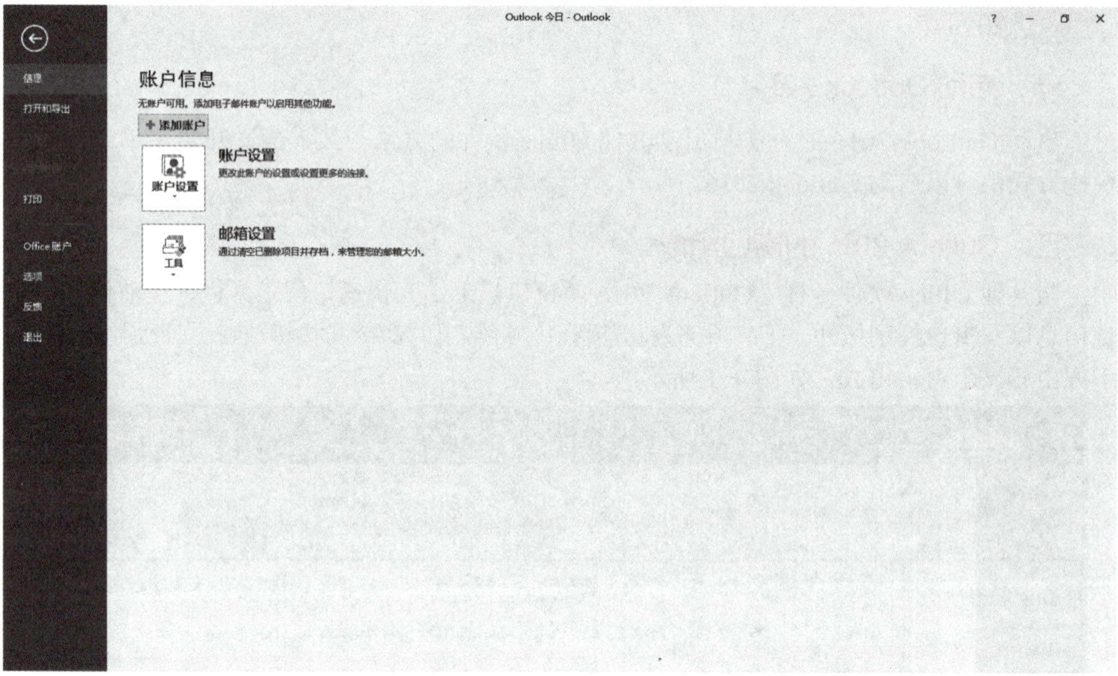

图 4-2 "文件"功能区"信息"选项卡

1) 添加账户，依照步骤提示填写账号信息，将已申请使用的电子邮件账号添加到 Outlook 2016 中。在设置中除了要准确输入账户名称和登录第三方客户端时的密码框输入"授权码"进行验证，还要了解所用电子邮件的服务器使用哪种协议。

扫码观看视频

通常电子邮件在网络中传输要遵从 3 种基本协议：

① IMAP（Internet Message Access Protocol，互联网邮件访问协议），通过这种协议从邮件服务器上获取邮件的信息、下载邮件等。电子邮件客户端的操作都会反馈到服务器上，用户对邮件进行的操作（如移动邮件、标记已读等），服务器上的邮件也会做相应的动作。也就是说，IMAP 是"双向"的。IMAP 与 POP 类似，都是一种邮件获取协议。

扫码观看视频

② POP（Post Office Protocol，邮局协议）允许电子邮件客户端下载服务器上的邮件，但是用户在电子邮件客户端的操作（如移动邮件、标记已读等）是不会反馈到服务器上的，例如，用户通过电子邮件客户端收取了 QQ 邮箱中的 3 封邮件并移动到了其他文件夹，这些移动动作是不会反馈到服务器上的。

③ SMTP（Simple Mail Transfer Protocol，简单邮件传输协议）是一组用于从源地址到目的地址传输邮件的规范，通过它来控制邮件的中转方式。SMTP 属于 TCP/IP 簇，它帮助每台计算机在发送或中转信件时找到下一个目的地址。

2）账户设置，可以对已添加到 Outlook 2016 的电子邮件账户进行重新配置，新建、修复或删除某个账户信息。

3）邮箱清理，可管理邮箱的大小、清空已删除项目文件夹或对文件夹进行存档。

4）规则和通知，可通过规则向导来设定。例如，将指定发件人的来信移动到指定文件夹等。

操作步骤

如何添加电子邮件账号，有以下两种办法。

方法一：添加 QQ 邮箱账号

（1）在 Outlook 2016"文件"功能区"信息"中单击"添加账户"按钮，如图 4-2 所示。

（2）出现如图 4-3 所示的对话框，默认选择"电子邮件账户"单选按钮，填写信息添加新账户，单击"下一步"按钮，弹出如图 4-4 所示的对话框，新账户添加成功。

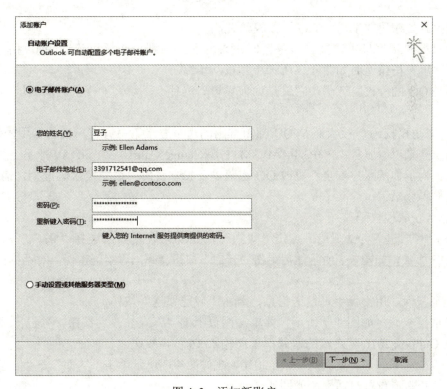

图 4-3　添加新账户

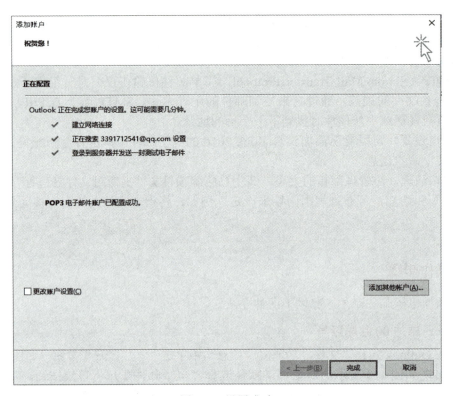

图 4-4　设置成功

提示：此处密码要填写为 QQ 的授权验证码。

如果出现提示信息"连接到服务器时出现问题",则表明授权验证码填写有错误,需单击"上一步"按钮返回如图 4-3 所示步骤重新填写。

什么是 QQ 的授权验证码,它又是如何设置?为什么不填写 QQ 密码而要填写 QQ 的授权验证码呢?

1)什么是授权码?　授权码是 QQ 邮箱推出的用于登录第三方客户端的专用密码。

适用于登录以下服务：POP3/IMAP/SMTP/Exchange/CardDAV/CalDAV 服务。

提醒：为了你的账户安全,更改 QQ 密码以及独立密码会触发授权码过期,需要重新获取新的授权码登录。

2)怎么获取授权码?

① 使用网页进入 QQ 邮箱,点击"设置",在邮箱设置界面选择"账户"标签,找到 POP3/SMTP 服务,如图 4-5 所示然后单击"开启"按钮会弹出"验证密保"对话框,如图 4-6 所示。

② 验证密保,用密保手机发送信息,单击"我已发送"按钮。

③ 获取授权码,如图 4-7 所示,并单击网页上的"保存修改"按钮,并退出邮箱。

④ 在 Outlook 2016 客户端的密码框里面输入 16 位授权码进行验证。

⑤ 完成上面设置后,返回 Outlook 2016,在如图 4-2 所示单击"文件"→"信息"→"账户设置"打开账户设置对话框,如图 4-8 所示。

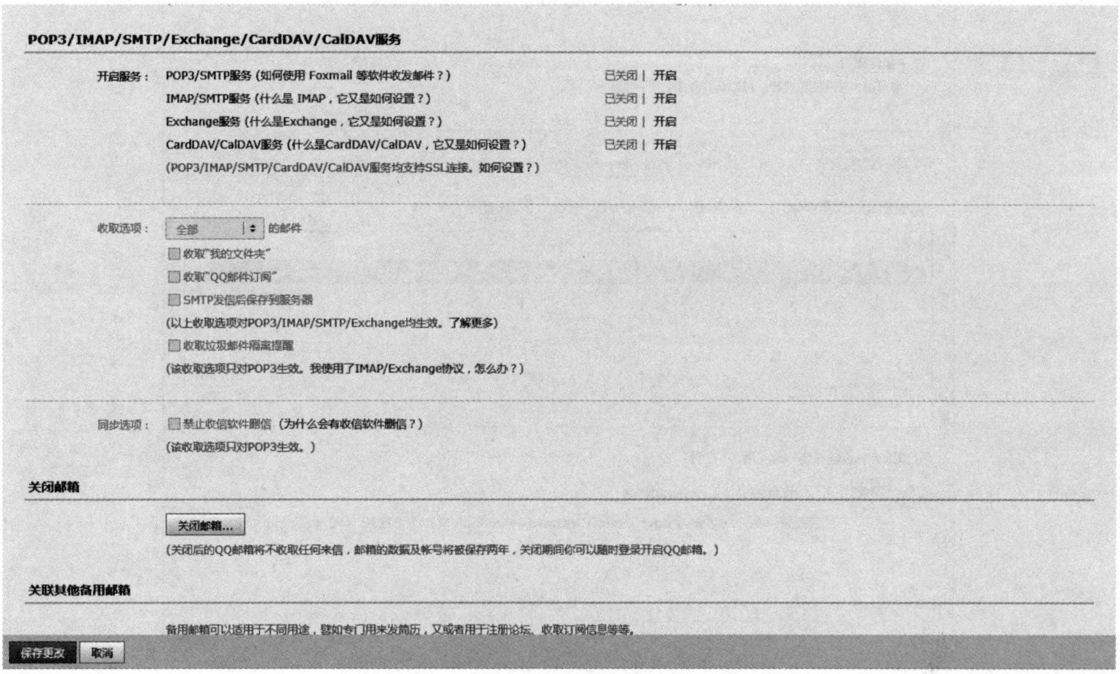

图 4-5　设置 POP3/IMAP/SMTP 服务

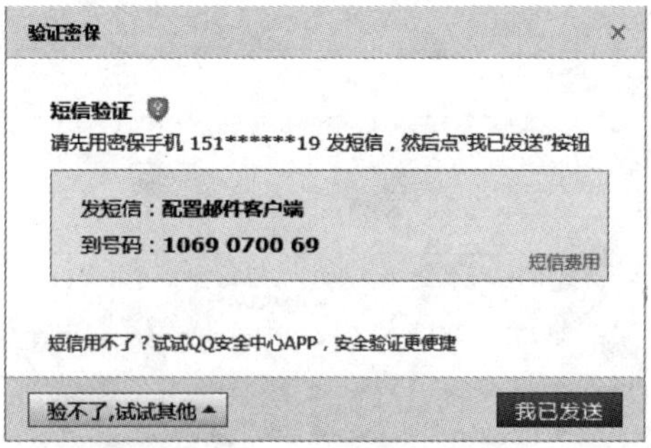

图 4-6　验证密保

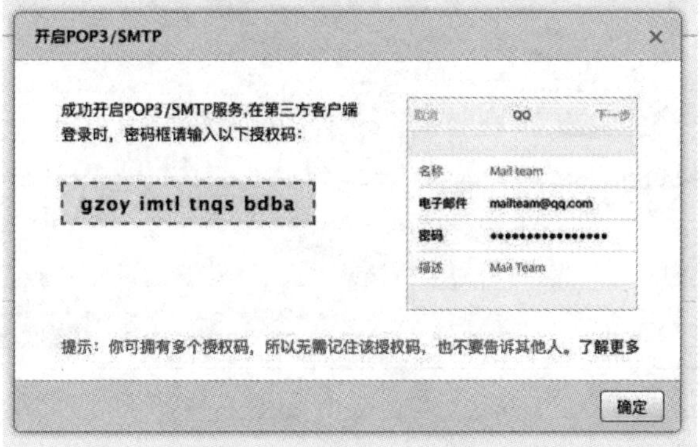

图 4-7　获取授权码

图 4-8 "账户设置"对话框

⑥在对话框中双击邮箱名称，进入 Internet 电子邮件设置对话框，单击"测试账户设置"按钮，如图 4-9 所示。

图 4-9 更改账户 Internet 设置

⑦可以看到设置成功的提示信息窗口，如图 4-10 所示。

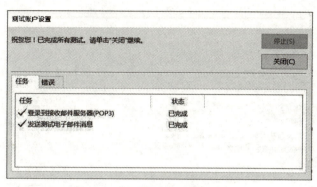

图 4-10 测试账户设置成功

3）为什么不填写 QQ 密码而要填写 QQ 的授权验证码呢？

开启 POP3/SMTP/IMAP 功能必须先设置独立密码（授权码），这样能够保障用户在 Outlook 第三方客户端登录时的账户安全。

如果用户已经开启了 POP3/SMTP/IMAP 功能，撤销独立密码时会同时关闭 POP3/SMTP/IMAP 功能，这会导致用户无法在 Outlook 客户端登录 QQ 邮箱。

解决方法：重新设置独立密码。

（3）完成上述设置后，用户就可以看到 Outlook 2016 软件中显示的邮件内容了（见图 4-11）。

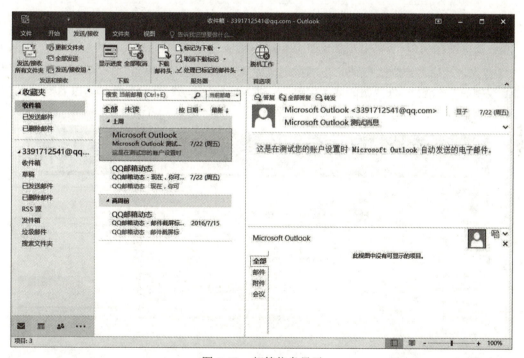

图 4-11 邮箱信息显示

提示：也可以提前在 QQ 邮箱中设置 IMAP，再将 QQ 邮箱账号添加到 Outlook 2016 中。步骤（2）获取授权码后对账户进行相应的设置将出现如图 4-12 所示信息，表明添加账户成功。

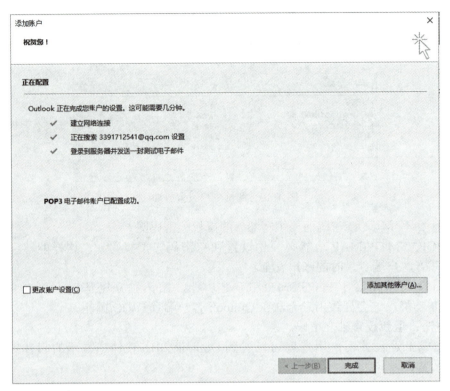

图 4-12 添加新账户成功

方法二：使用另外一种方法来添加 126 邮箱账号

1）首先，开启客户端授权码。在网页端登录邮箱后，进入"设置"→"邮箱设置"→"客户端授权密码"设置页面，如图 4-13 所示。进入授权密码设置页面后，可以看到"开启授权密码"服务选项，单击"开启"选项。

图 4-13 开启客户端授权码

2）单击"开启"授权码后，首先需要通过手机（安全手机）验证，如图 4-14 所示，输入验证码后单击"确定"按钮。

图 4-14　手机获取验证码

3）手机验证通过后，可以自定义编辑授权密码，必须字母+数字组合，如图 4-15 所示。

图 4-15　设置授权码

① 弹出"设置授权码"对话框时，需要自定义输入授权密码，必须字母+数字组合。
② 此时授权密码已经生效，请在需要使用的客户端中将密码设置为此授权密码。
③ 授权密码生成时即已生效，仅在此对话框中显示一次，其他位置不予显示，如忘记授权密码需重置。

4）单击"确定"按钮后，将在此页面显示授权密码列表，如图 4-16 所示。

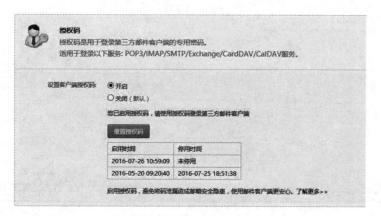

图 4-16　授权密码列表

5）成功开启授权码服务和 SMTP/POP3/IMAP 服务，如图 4-17 所示，单击"确定"按钮。
6）启动 Outlook 2016 依照前种方法，在 Outlook 2016"文件"功能区"信息"中单击"添加账户"按钮，如图 4-2 所示。
7）在图 4-3 所示的对话框中选择"手动配置服务器设置或其他服务器类型"单选按钮，

然后单击"下一步"按钮。

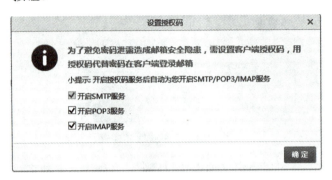

图 4-17　开启授权码和 SMTP/POP3/IMAP 服务

8）出现如图 4-18 所示对话框，选择"POP 或 IMAP"单选按钮，单击"下一步"按钮。

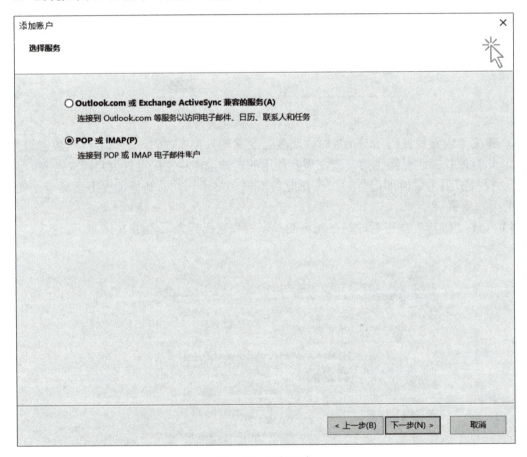

图 4-18　选择服务

9）在如图 4-19 所示的"Internet 电子邮件设置"对话框中填写 126 邮箱的配置信息。

提示：在"登录信息"项中，"用户名"是邮箱地址，密码部分填写该邮箱的授权码。授权码是用于登录第三方邮件客户端的专用密码。适用于登录以下服务：POP3/IMAP/SMTP 服务。126 邮箱的授权码可以由用户自己设置。

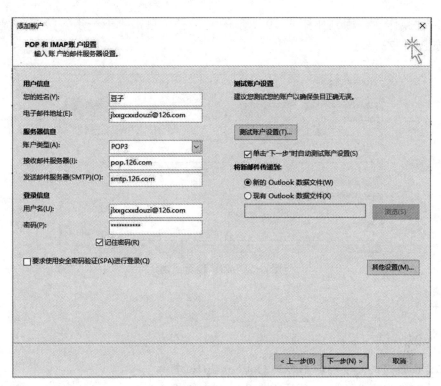

图 4-19　Internet 电子邮件设置

10）单击"其他设置（M）…"按钮，出现"Internet 电子邮件设置"对话框，切换到"发送服务器"标签页，设置如图 4-20 所示。切换到"高级"标签页，设置如图 4-21 所示，即选中"此服务器要求加密连接（SSL）（E）"前的复选框，其他选项保持默认，单击"确定"按钮。

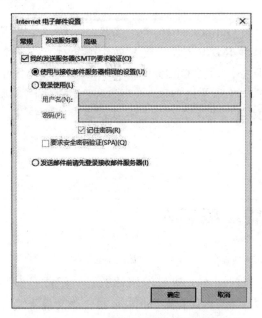

图 4-20　Internet 电子邮件发送服务器设置

图 4-21　Internet 电子邮件高级设置

11）完成操作后，回到如图4-19所示的对话框，单击"下一步"按钮。提示邮箱设置成功，如图4-22所示。

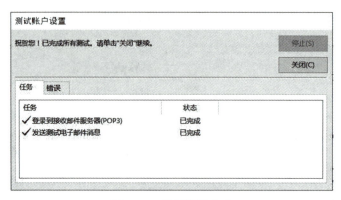

图4-22　邮箱设置成功

 我来试一试

1）把自己常用的QQ邮箱添加到Outlook 2016中。
2）申请一个以自己名字_学号为账号的126邮箱（如liming_0166@126.com）。
3）将126邮箱添加到Outlook 2016中。
4）将一个Sohu邮箱添加到Outlook 2016中，查看账户信息，之后将其删除。

 我来归纳

　　如果想把已有的电子邮箱账号中的邮件添加到Outlook 2016中，就需要了解这个邮箱所使用的传输协议，目前常用的是POP3、SMTP和IMAP 3种。进入电子邮箱后可在设置账户中开启POP3/SMTP服务或者IMAP/SMTP服务。通过Outlook 2016"文件"功能区中"账号设置"按钮打开"账号设置"对话框，可以对账号进行添加、修改及删除操作。每个邮箱中的邮件信息将保存在本地磁盘指定的文件中，文件名及位置也可以在"账号设置"对话框中查看和修改。

 案例2　在Outlook 2016中添加管理联系人

【教学指导】

　　在Outlook 2016中添加收发邮件的联系人，并对联系人进行编辑修改、分组或是删除错误的联系人，发送邮件时可快速方便地找到对方。进一步了解Outlook 2016 "文件" 功能区的使用方法。

第4篇 电子邮件发送及管理（Outlook 2016）

邮箱设置完成，但是Outlook 2016中如果每次发送邮件都要输入收件人地址就太麻烦了，怎样才能把邮箱里的联系人添加到Outlook 2016中随时进行选择呢？下面就来学习一下吧。

一、新建联系人

1）在Outlook 2016中，选择"开始"选项卡中的"新建项目"下拉列表中的"联系人"命令。

2）在弹出联系人编辑窗口对联系人信息进行填写，如下图4-23所示，单击窗口中黑色框线区域可改变联系人头像等。

扫码观看视频

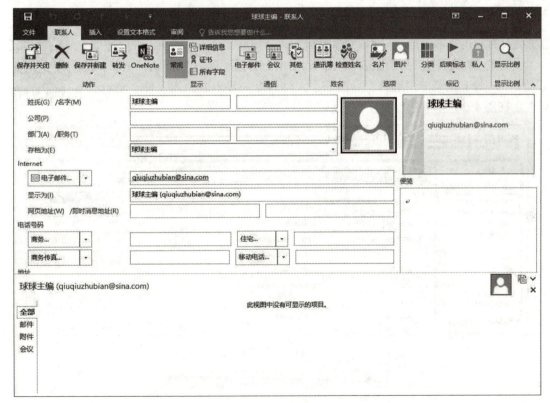

图4-23 编辑联系人

3）设置完成后，单击"联系人"选项卡中"动作"选项组中的"保存并关闭"按钮，则关闭联系人编辑窗口。

4）如果该联系人已经存在于"联系人"文件夹中，则出现如图4-24所示的窗口。

5）步骤2）设置完成后，如果还需要再添加新联系人，单击"动作"选项组中的"保存并新建"按钮。则打开信息编辑窗口,手动设置相关内容。

图 4-24　联系人已存在

二、导入联系人

Outlook 2016 软件可以设置多个邮箱,每个邮箱都有多个联系人,使用新建联系人的方式非常麻烦,下面以 QQ 邮箱为例介绍联系人导入并管理的方法。

1)在电子邮箱中将联系人名单导出,如图 4-25 所示,单击"通讯录"下的"工具"按钮,在下拉菜单中选择"导出联系人"命令,导出联系人文件"address. csv",在图 4-26 中单击"确定"按钮。

扫码观看视频

图 4-25　导出联系人

图 4-26　导出 CSV 文件

2）在文件下载提示框中单击"保存"按钮，弹出"另存为"对话框，设置保存位置，保存 CSV 文件。

3）在 Outlook 2016"文件"功能区中选择"打开和导出"页面，单击"导入/导出"命令，出现如图 4-27 所示的"导入和导出向导"对话框。

4）在图 4-27 对话框中选择"从另一程序或文件导入"，单击"下一步"按钮。在图 4-28 中选择"逗号分隔值"，单击"下一步"按钮。

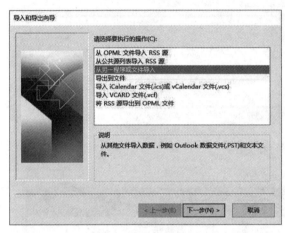

图 4-27　导入联系人

图 4-28　导入文件类型

5）在图 4-29 中单击"浏览"按钮，选择已保存的 CSV 文件。根据 Outlook 2016 已有的联系人内容选择是否重复或替换项目，在此例中选择"不导入重复的项目"，单击"下一步"按钮。

6）在如图 4-30 所示的对话框中，"选择目标文件夹"为相应邮箱账号的"联系人"。

图 4-29　导入文件

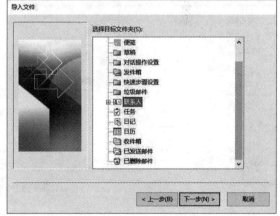

图 4-30　选择目标文件夹

7）单击"下一步"按钮，出现如图 4-31 所示的对话框，单击"完成"按钮，联系人导入完成。在导航窗格中单击"联系人"，可以看到联系人在窗口中显示，如图 4-32 所示。

图 4-31 选择目标文件夹

图 4-32 显示联系人

三、联系人分组

1)在图 4-32 中单击"新建联系人组 "按钮,进入编辑联系人组窗口,在"名称"栏中输入分组名称。在"成员"功能区单击"添加成员"按钮,在下拉列表中选择"来自 Outlook 联系人",如图 4-33 所示。

扫码观看视频

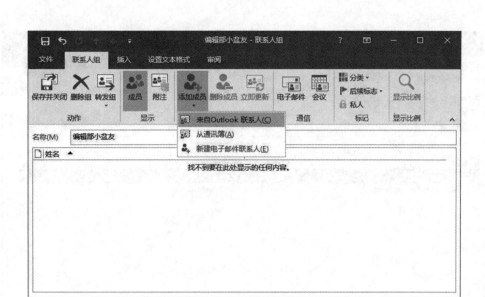

图 4-33　编辑联系人组

2）在弹出的选择成员窗口中选择对应的联系人，如图 4-34 所示。双击该联系人或单击"成员"按钮，该联系人出现在"成员"框中，单击"确定"按钮，出现如图 4-35 所示的窗口，表明联系人添加成功。

3）在图 4-35 中可以看到功能区中有"保存并关闭""删除组""添加成员""删除成员""立即更新"按钮，分别对应保存分组并关闭当前窗口、继续添加新成员、将选中成员从组中删除、将联系人分组情况更新到邮箱服务器的功能。

4）单击"保存并关闭"按钮，可以在如图 4-32 所示的联系人窗口中看到已添加成功的分组。

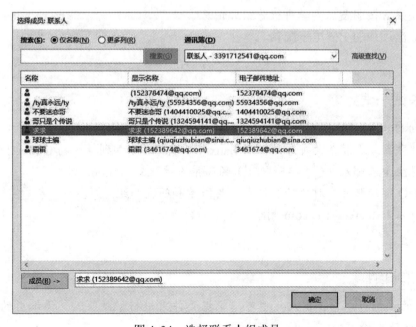

图 4-34　选择联系人组成员

图 4-35 编辑联系人组成员

操作步骤

1）启动 Outlook 2016。
2）新建联系人到指定账号中。
3）导出并保存 QQ 邮箱联系人文件为 CSV 文件。
4）将保存的 CSV 文件导入到 Outlook 客户端。
5）将联系人按朋友、同学进行分组编辑。
6）删除已添加的 126 电子邮箱。

我来试一试

1）启动 Outlook 2016。
2）新建联系人，将教师邮箱地址及 lianxi@163.com 添加到学生的 Outlook 账户中。
3）将学生个人邮箱（QQ 邮箱即可）的联系人导入到 Outlook 客户端。
4）将 QQ 邮箱账号中对应的联系人分为同学和朋友两组。
5）将联系人 lianxi@163.com 删除。

我来归纳

联系人的添加可以单个输入，也可以根据文件来进行批量导入。添加后的联系人可以进行编辑分组及删除。

第4篇 电子邮件发送及管理（Outlook 2016）

案例 3 使用 Outlook 2016 收发电子邮件

【教学指导】

使用 Outlook 2016 编辑新邮件，添加附件，回复邮件，发送与转发多人、密件发送，还可以查看邮件中的附件并将附件下载到硬盘中保存，进一步了解 Outlook 2016 窗口的组成、"开始"功能区的使用。

【学习指导】

 任务

球球说给豆子发了邮件，底稿和样图已经发到他的 QQ 邮箱里，要求他假期完成后再分别发给球球和学长进行检查。

 知识点

一、接收阅读邮件

单击导航窗格中的"邮件"将显示设置成功的电子邮箱账号，选择对应账户的收件箱，点击对应的邮件，在阅读窗格中可以直接阅读邮件，如图 4-36 所示，或者双击邮件名进入邮件阅读窗口，如图 4-37 所示。

扫码观看视频

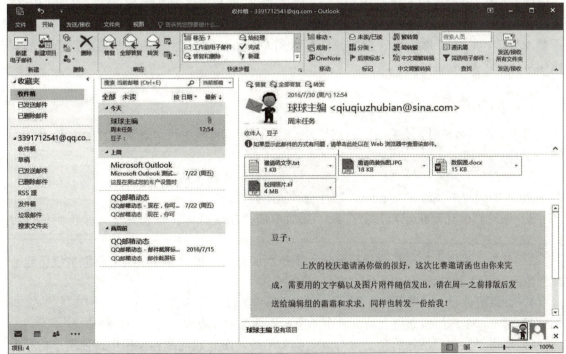

图 4-36　邮件阅读

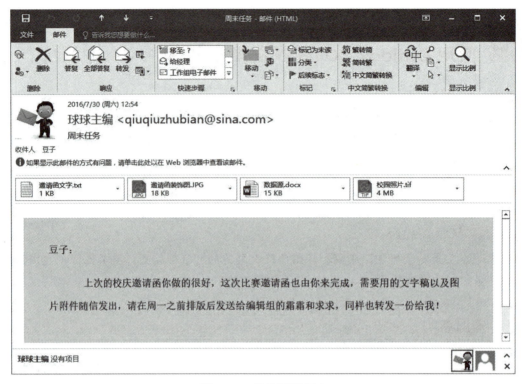

图 4-37　邮件阅读窗口

如果没有显示最新邮件，则可以单击快速访问工具栏中的"▣"或单击"开始"功能区中的"▣"按钮或按 <F9> 快捷键，执行发送/接收所有文件夹命令；在"发送/接收"功能区中单击▣更新文件夹按钮（此命令只更新当前所选账号的指定文件夹）。这些访问邮件服务器的操作，将服务器最新收到的邮件接收到 Outlook 2016 客户端或将客户端所做的操作同步到服务器。

二、附件操作

当单击附件名称时，不需要下载或打开附件，在阅读窗格中可以看到附件的内容，同时，Outlook 2016 会自动进入"附件"功能区，如图 4-38 所示。

1）"附件"功能区的"打开"按钮可以将附件以系统中对应的默认程序打开，例如，图 5-38 中的图片附件将在 Windows 照片查看器中打开浏览。

2）如果当前计算机已连接打印机，那么单击"快速打印"按钮将会直接将附件内容打印。

3）单击"另存为"按钮会将指定附件下载到硬盘，单击"保存所有附件"按钮将当前邮件中所有附件下载到硬盘。

4）如果附件没有必要保留，则可以单击"删除附件"按钮。

5）单击"全选"按钮将当前邮件中的所选附件选中，以便进行下一步操作。

6）单击"复制"按钮将所选附件复制到剪贴板，在之后的邮件编辑中，使用"粘贴"命令可将该内容仍以附件的形式放在新邮件中，无须下载附件即可实现信息传输。

第4篇 电子邮件发送及管理（Outlook 2016）

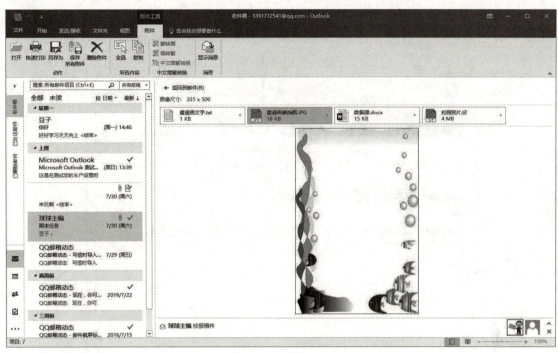

图 4-38　附件阅读

三、编辑邮件内容

1）新建邮件，在"开始"功能区中选择"新建电子邮件"命令，进入新邮件编辑窗口，发件人默认为当前所选择的邮箱账号。

2）在如图 4-39 所示的新建邮件窗口编辑区输入文字，设置文字的格式，单击"邮件"选项卡中的"添加"功能区中的"签名"按钮，选择已设置签名或打开"签名及信纸"对话框，可以为邮件添加或编辑邮件签名及个人信纸主题。

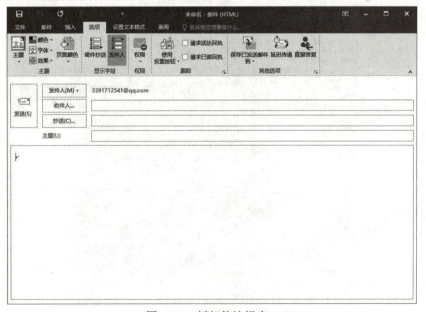

图 4-39　新邮件编辑窗口

3）在如图 4-40 所示的"签名和信纸"对话框中选择"个人信纸"选项卡，单击"  "按钮，打开如图 4-41 所示的"主题或信纸"对话框，设定邮件的信纸、主题、字体格式等。

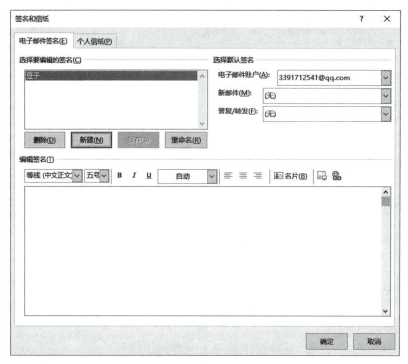

图 4-40 "签名和信纸"对话框

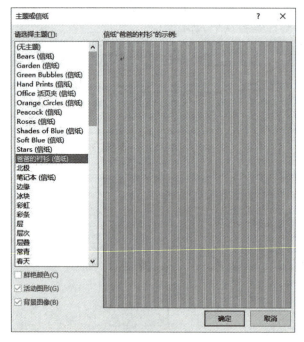

图 4-41 "主题或信纸"对话框

4)通过"插入"功能区可进行插入名片、附件文件、表格、图片、SmartArt 图形、艺术字、形状、图表、文本框、符号和公式编辑等操作。

5)邮件中插入的对象也可以进行格式设置,其操作与在 Word 中基本一致,以图片的艺术效果为例(或者双击选中对象,自动显示对应的功能区),如图 4-42 所示。

图 4-42　图片艺术效果

6)在"选项"功能区中也可以设置邮件显示的主题、背景图案及颜色,大家可以对照 Word 软件中的操作进行学习。

四、添加、删除附件

1)添加附件,在"插入"或"邮件"功能区点击 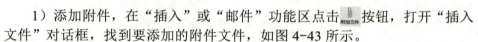 按钮,打开"插入文件"对话框,找到要添加的附件文件,如图 4-43 所示。

扫码观看视频

2)单击"插入"按钮,对应的文件即作为附件插入到邮件中。

3)如果把已收到邮件中的附件进行复制,单击"邮件"功能区中的"粘贴"按钮,则被复制的附件仍以附件的形式加入到当前邮件中。

4)附件的大小不要超过所用邮箱服务器所限定的大小,否则将无法发送,文件夹最好做成压缩文件后再上传。

5)如果想删除已添加的附件,则可以单击选中该附件名称后按 <Delete> 键。

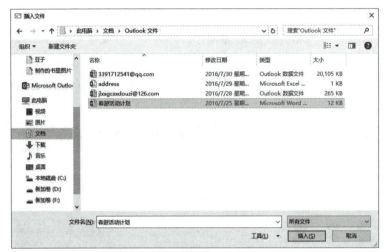

图 4-43 "插入文件"对话框

五、发送邮件

邮件编辑完成后,单击"发送"按钮可以向收件人以及抄送人发送相同的邮件,且收信人之间可以看到还有哪些人收到此邮件。

1)单击 发件人(M)· 按钮打开下拉列表,给出当前 Outlook 2016 客户端已设置的各邮箱账号,单击选择可以改变发送邮件的邮箱账号。

扫码观看视频

2)单击 收件人 按钮,可以在联系人对话框中选择收件人,如图 4-44 所示。

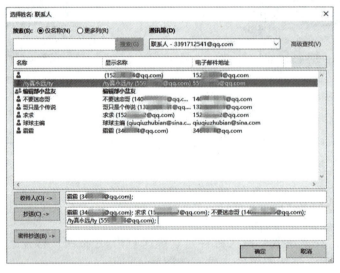

图 4-44 "选择姓名:联系人"对话框

3)如果将一个联系人组添加到收件人,则该组内的所有成员都将收到此邮件。在图 4-45 中点击组名前的 将展开显示组内人员名称。

4)如果不想让某些收信人被其他收信者知道,则可以在"选项"功能区选择"密件抄送",密件抄送联系人的添加方式与抄送相同。

5)如果想把已添加的收件人删除,则只要选中该联系人使其变为蓝色,按 <Delete> 键即可。

6)"选项"功能区中的"权限"按钮,可以限定收件人是否可以转发本邮件给他人。

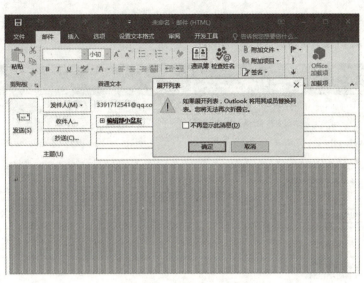

图 4-45　添加联系人组

7）在"选项"功能区单击 ，打开邮件"属性"对话框，如图 4-46 所示。"安全设置"将改变邮件的加密方式，提高邮件内容的安全性；"使用投票按钮"将使收件人直接以投票的形式表达对所接到邮件中传达的意见是否赞同；请求送达及已读回执，则是根据对方是否接收到此邮件、是否阅读此邮件来回执信息；"保存已发送邮件的副本"可将本邮件在发送的同时保存到 Outlook 2016 的指定文件夹中；"传递不早于"可以限定邮件的发送时间。

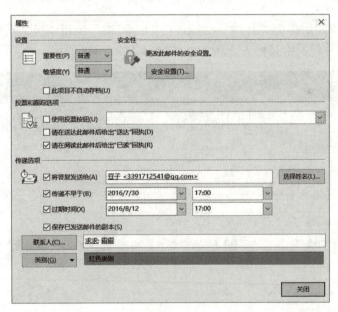

图 4-46　邮件"属性"对话框

8）邮件编辑完成后，单击"发送"按钮发送邮件。

六、回复、转发邮件

1）选中某个邮件后单击"开始"功能区中"答复"按钮，或按快捷键 <Ctrl+R>，都可打开回复邮件编辑窗口，此窗口中发件人、收件人及邮件主题默认已经填好。例如，回复球球主编的来信的编辑窗口，如图 4-47 所示。

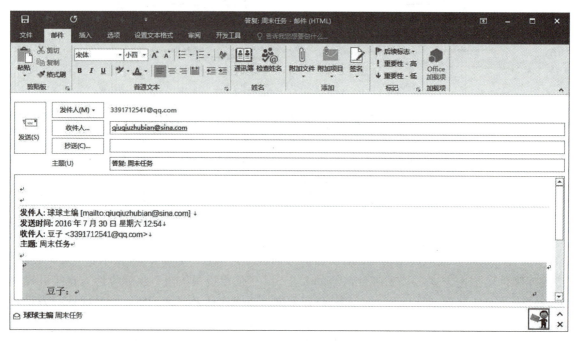

图 4-47　回复邮件窗口

2）选中某个邮件后单击"开始"功能区中的"转发"按钮或按快捷键 <Ctrl+F>，则可将指定的已收到邮件转发给其他人。转发邮件窗口如图 4-48 所示。

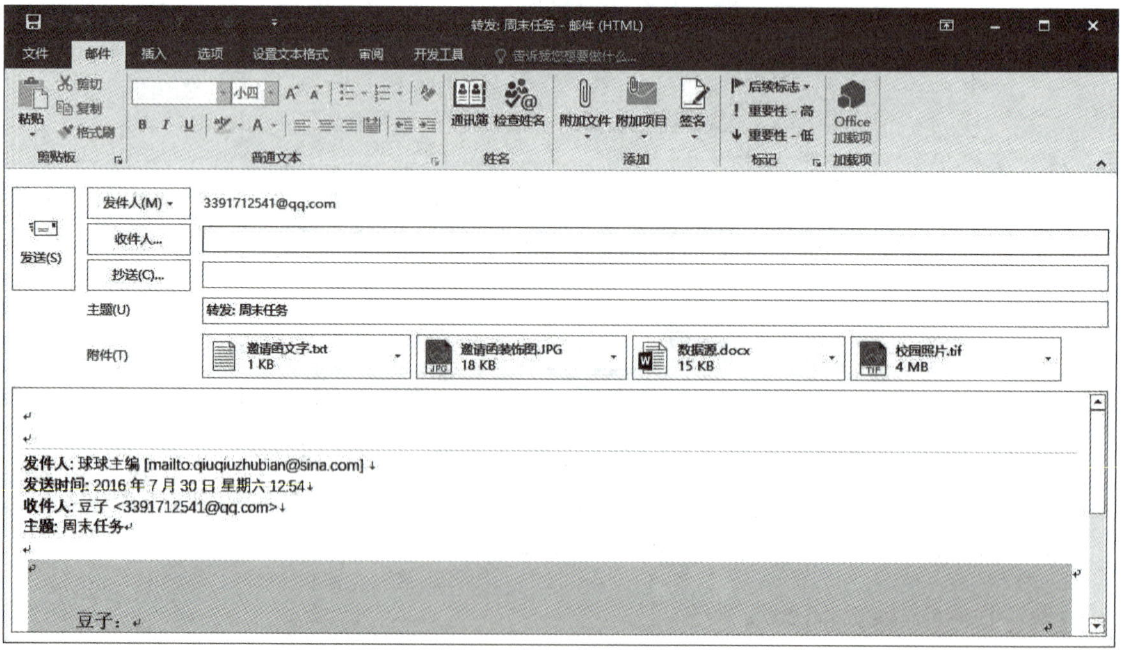

图 4-48　转发邮件窗口

 操作步骤

1）启动 Outlook 2016，让阅读窗格可见。

2）在导航窗格选择 QQ 邮箱，工作区如果没有收到新邮件，则单击"接收发送邮件"按钮更新文件夹。

3）点击邮件，在阅读窗格中直接阅读邮件及附件内容。

4）单击"插入"功能区" "按钮，打开"电子邮件签名与个人信纸"对话框，设置自己的签名，默认信纸主题为"笔记本（信纸）"。

5）单击"转发"按钮或按 <Ctrl+F> 组合键进入邮件转发窗口，如图 4-48 所示。单击"抄收"按钮设置抄送给教师邮箱，密件发送给同学组中的所有联系人。

6）在"选项"功能区，设置"请求送达回执"和"请求已读回执"。

7）单击"发送"按钮，发送邮件。

8）回复收到的邮件，编辑内容。在"选项"功能区选择"页面颜色"→"主题颜色"，设置邮件背景颜色"红色、淡色 60%"，底纹插入艺术字，设置阅读回复，发送，检查对方何时阅读邮件。

9）新建邮件，主题为"节日快乐"，在"选项"功能区选择"页面颜色"→"填充效果"，设置邮件背景图片，密件发送同学组联系人。

10）新建邮件，邮件主题为"上周作业"，设置信纸主题为"爸爸的衬衫"，插入剪贴画，并把 Word 文档作为附件上传，签名设置为自己的姓名，发送到教师邮箱。

 我来试一试

1）发送一封主题为"假期我去了这些地方"的邮件，用艺术字写出去过的地点，添加星形自选图形，将两张照片压缩成 RAR 文件作为附件发送给全班同学和老师。

2）在所收到的邮件中选中一人回复他的邮件。

3）将所收到邮件中最喜欢的一封转发给全班同学。

4）将所收到的邮件中的图片附件下载到硬盘 D 盘中文件夹名为"好玩的地方"的文件夹。

 我来归纳

接收邮件阅读邮件的窗口也可以预览附件内容，附件复制粘贴后不需下载到本地电脑就能发送给其他人；邮件的内容非常丰富，Word 文档能插入设置的对象同样适用于 Outlook 2016；发送邮件的收件人不一定是唯一的，可以添加很多人或整个联系人组，如想要他们互相不知道对方收到此邮件要选择密件发送。

案例 4　在 Outlook 2016 中管理邮件和约会

【教学指导】

在 Outlook 2016 中可以将邮件放置在不同文件夹中，或保存到计算机硬盘；通过创建规则使某一特定电子邮箱账号的来信自动存储到某一文件夹下；将邮件用颜色分类以便查找；设置后续标记，在指定日期提醒完成邮件任务。

【学习指导】

任务

本任务豆子要学会在 OutLook 2016 中新建文件夹，并将邮件放于不同的文件夹下；给邮件添加颜色标记，查看指定颜色类别的邮件；给邮件设置后续标记添加提醒，下面就来学习一下吧。

知识点

已经收到的邮件都在电子邮箱账号下的"收件箱"中，可以根据需要把它们放在不同的文件夹中，方便阅读和管理。

一、邮件管理

1）新建文件夹，在导航窗格中，已经有系统默认给出的文件夹，还可以根据需要添加新的文件夹来管理，在"文件夹"功能区单击"新建文件夹"按钮，或是在目标位置单击鼠标右键，在弹出的菜单中选择"新建文件夹"命令，在"新建文件夹"对话框中设置文件夹名称及位置，如图 4-49 所示。名称为"存档"，单击"确定"按钮后在导航窗格中可以看到对应位置上出现文件夹。

扫码观看视频

2）移动邮件，选中邮件后单击"开始"功能区中的"移动"按钮，在下拉列表中选择目标文件夹或"其他文件夹(O)..."命令打开"移动项目"对话框，在对话框中选定目标文件夹，如图 4-50 所示。也可以用鼠标直接拖动邮件到导航窗格中目标文件夹图标上，则该邮件从原位置移动到指定文件夹中。

3）用同样的方法也可以删除邮件（即将邮件拖动到"已删除邮件"文件夹中或在"移动项目"对话框中选择目标文件夹为"已删除邮件"）；也可以先选中邮件再单击"删除"按钮或按 <Delete> 键。

提示：只有在"已删除邮件"文件夹中将该邮件删除，或清空"已删除邮件"文件夹（将之前所有删除的邮件彻底删除），邮件才真正被删除，不再占用存储空间。

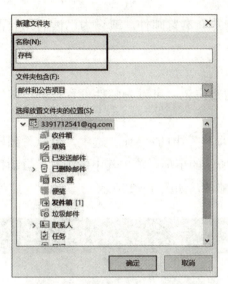
图 4-49 "新建文件夹"对话框

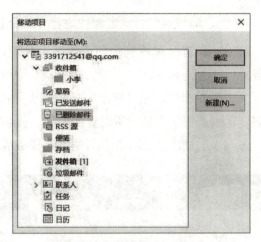
图 4-50 "移动项目"对话框

二、创建规则

将球球主编发过来的邮件都自动转移到指定文件夹中。

1)选中球球主编的邮件后,单击"开始"功能区中的 按钮,在下拉列表中选择"总是移动来自此人的邮件:球球主编"命令,弹出"规则和通知"对话框,如图4-51所示。

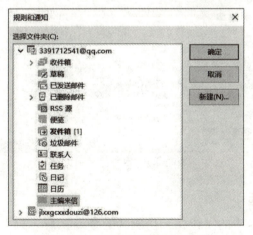
图 4-51 "规则和通知"对话框

2)选择"主编来信"文件夹,单击"确定"按钮,那么此操作后所有球球的来信将自动保存在这个文件夹中,不需单独操作("主编来信"文件夹可以通过单击对话框的"新建"按钮打开"新建文件夹"对话框进行创建)。

三、邮件分类

在"开始"功能区中单击"标记"按钮,或单击邮件后用鼠标右键菜单操作。有3种分类方式。

1) ![未读/已读]标记，将邮件设置为未读可以提示用户重新浏览邮件，或设为已读而无须再浪费精力。

2) ![分类]，即按颜色将选定邮件进行分类标记。

3) ![后续标志]，有时候收到邮件不能马上处理，为防止忘记，可以为邮件设置任务，例如，设置邮件标志为 ![今天]。

分类查看邮件，在"视图"功能区将"待办事项栏"中的 ![任务] 选中，可以看到软件右侧任务列表窗格中显示所设置的邮件，提示今天所做的事项。单击其中的邮件，自动打开"任务列表"功能区，可查看其他日期任务或类别邮件，如图4-52所示。

图4-52　查看任务列表

四、电子邮件筛选

单击"开始"选项卡中的"查找"功能区的 ![筛选电子邮件] 按钮，可以在窗格中看到指定条件的邮件，同时自动进入"搜索"功能区。

扫码观看视频

1）单击 ![筛选电子邮件] 按钮，选择 ![有附件] 命令查看带有附件的邮件，如图4-53所示。

2）如果在已经筛选出的结果中继续单击"开始"功能区中的 ![筛选电子邮件] 按钮，或在"搜索"功能区直接单击对应条件的按钮，那么将在原有筛选条件的基础上进行再次筛选。例如，在图4-53中单击"已分类"下拉列表中选择 ![橙色类别]，结果显示为无，即在带有附件的邮件中并没标记为橙色类别的邮件，如图4-54所示。

3）清除筛选结果，单击"清除搜索"按钮，则不再有筛选条件的限制，显示全部邮件。

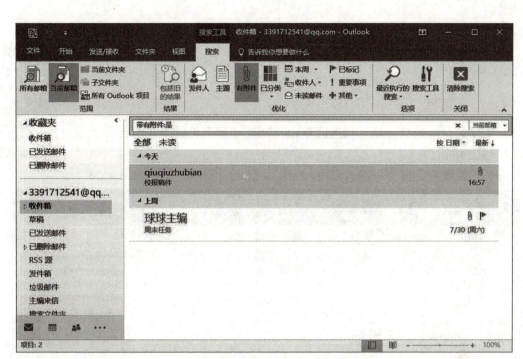

图 4-53　查看带有附件的邮件

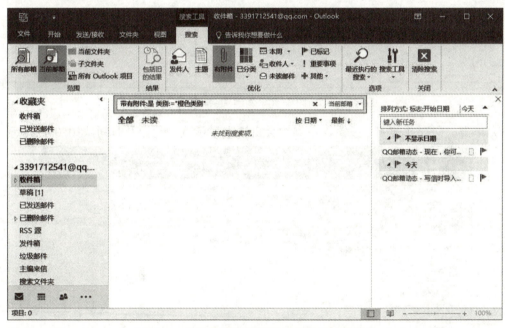

图 4-54　筛选查看带有附件及橙色类别的邮件

五、邮件保存

将邮件保存到硬盘中，方便离线状态下使用邮件。

1）双击打开邮件，在邮件窗口中单击"文件"功能区打开信息页面，单击 保存 按钮，将当前邮件直接保存到系统默认邮件存储位置。

2)单击按钮,在弹出的"另存为"对话框中选择位置,默认文件名为"邮件主题.msg"。

3)如果想打开已保存的邮件,在硬盘上找到 MSG 文件,则双击即在 Outlook 2016 中打开邮件阅读窗口。

六、约会管理

扫描观看视频

1)新建约会,在"开始"功能区单击"新建项目"按钮,在下拉列表中选择 约会(A) 按钮。

2)打开新建约会窗口,输入主题、地点,设定日期与时间,如图 4-55 示。

图 4-55 新建约会

3)单击"保存并关闭"按钮,右侧约会窗格中显示近期约会及时间,如图 4-56 示。

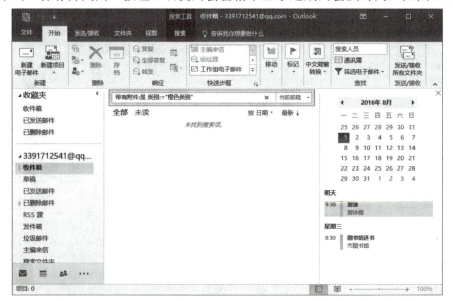

图 4-56 查看近期约会及时间

4）在约会编辑窗口中可以插入图片及艺术字等对象，单击 转发 按钮将约会转发给他人，如图 4-57 所示。进入转发邮件窗口，在转发邮件窗口中，可以看到约会作为附件随邮件发送，如图 4-58 所示。

图 4-57　转发约会 1

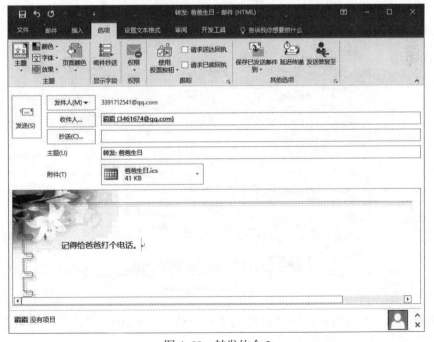

图 4-58　转发约会 2

5）在"约会系列"功能区中设置约会提醒时间，提前两天弹出约会提醒窗口，如图 4-59 所示。可在此选择消除提醒或打开项目查看内容，或稍后提醒。在图 4-60 中显示约会提醒。

图 4-59　设置约会提醒　　　　　　图 4-60　约会提醒

6）设置重复约会，单击"重复周期"按钮，指定同一约会的周期，例如，设定每年农历七月十六为爸爸生日，如图 4-61 所示。

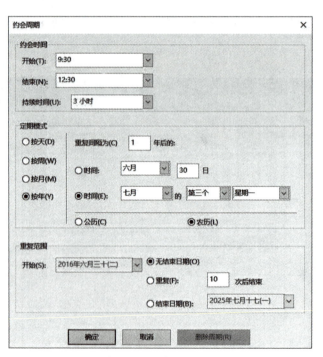

图 4-61　约会周期设置

7）删除约会，在日历窗口中单击约会项目，Outlook 2016 中出现"约会"功能区，单击"删除"按钮即可，如图 4-62 所示。

第4篇　电子邮件发送及管理（Outlook 2016）

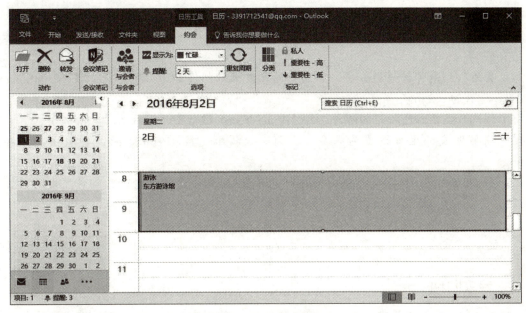

图 4-62　在日历窗口查看约会

操作步骤

1）启动 Outlook 2016，让阅读窗格可见。

2）在导航窗格选择 QQ 邮箱，将收到邮件中主题为"假期我去了这些地方"的邮件标记为红色。

3）筛选电子邮件，只看标记为红色的邮件。

4）在导航窗格中，点击 Outlook 数据文件中的"收件箱"，并单击鼠标右键新建文件夹，名称为"小李"。

5）选中某同学来信，如从地址选择：liming_0166@126.com 的来信。在"开始"功能区单击"规则"按钮，设置"总是移动此人邮件 liming_0166@126.com"到 Outlook 数据文件收件箱下"小李"文件夹。

6）移动邮件，将收到主题为"节日快乐"的邮件，通过按钮命令或鼠标拖动的方法全部移动到"节日祝福"文件夹下。

7）将"教师测试来信"保存到桌面，命名为"teacher.msg"。

8）把教师发送的作业邮件设置为后续标记，日期为"今天"。

9）添加周六社会活动约会，时间为 8:30～11:00，提示时间为提前两天。

10）将周六活动的约会转发给同学组联系人。

我来试一试

1）对邮箱中的邮件进行颜色标记，并只查看某一种颜色的邮件。

2）为作业邮件设置后续标记为"今天"，并打开待办事项中的"任务列表"窗口，查看

"今天"的任务（按 <PrintScreen> 键截图，保存为 "1.jpg"）。

3）对邮箱中的邮件进行分类，放置到不同的文件夹中（按 <PrintScreen> 键截图，保存为 "2.jpg"）

4）将所收到的邮件进行分类，将所有同学发来的邮件加为红色标记（按 <PrintScreen> 键截图，保存为 "3.jpg"）。

5）筛选只显示红色标记的邮件（按 <PrintScreen> 键截图，保存为 "4.jpg"）。

6）将好朋友的生日设置为约会，提前一天提醒（按 <PrintScreen> 键截图，保存为 "5.jpg"）。

7）将 Outlook 2016 操作的截图图片打包成 RAR 文件发送给老师，邮件主题为 "作业截图"。

8）将作业邮件保存到桌面，命名为 "作业.msg"。

 我来归纳

在 Outlook 2016 中新建文件夹，并把邮件移动到文件夹中分别管理；建立一个规则让某一邮箱账号的来信自动存储到指定文件夹中，而不再需要单个移动邮件；为邮件分类，方便筛选查看只符合一定条件的邮件，并且可以提醒在限定的日期完成邮件任务。

 习题

一、单项选择题

1. 在 Outlook 窗口中，新邮件的"抄送"文本框输入的多个电子信箱的地址之间应用（   ）作分隔。

　　A. 分号（；）　　　B. 逗号（，）　　　C. 冒号（：）　　　D. 空格

2. 用 Outlook 接收电子邮件时，收到的邮件中带有回形针状标志，说明该邮件（   ）。

　　A. 有病毒　　　B. 有附件　　　C. 没有附件　　　D. 有黑客

3. 在 Outlook 中设置唯一电子邮件账号：spring@163.com，现成功接收到一封来自 summer@163.com 的邮件，则以下说法正确的是（   ）。

　　A. 在收件箱中有 spring@163.com 邮件

　　B. 在收件箱中有 summer@163.com 邮件

　　C. 在本地文件夹中有 spring@163.com 邮件

　　D. 在本地文件夹中有 summer@163.com 邮件

4. 使用 Outlook 的通讯簿可以很好地管理邮件，下列说法正确的是（   ）。

　　A. 在通讯簿中可以建立联系人组

　　B. 两个联系人组中的信箱地址不能重复

　　C. 只能将已收到邮件的发件人地址加入通讯簿中

　　D. 更改某人的信箱地址，其相应的联系人组中的地址不会自动更新

第4篇　电子邮件发送及管理（Outlook 2016）

5. 如果要添加一个新的账号，应选择 Outlook 中的（　　　）菜单。
   A．文件　　　　　B．查看　　　　　C．工具　　　　　D．邮件

二、多项选择题

1. Outlook 的功能有（　　　）。
   A．管理联系人信息　B．记日记　　　　C．安排日程　　　D．分配任务
2. 在 Outlook 中查找邮件可以按（　　　）。
   A．发件人　　　　B．主题　　　　　C．有附件　　　　D．其他

三、填空题

1. 在 Outlook 中，选择开始选项卡中的（　　　　　）命令，可打开联系人窗口，创建联系人。
2. 在 Outlook "选项"页中的（　　　　　）命令，可以设置邮件的秘密抄送人。

四、判断题

1. （　　）Outlook 的主要功能是接收和发送电子邮件。
2. （　　）Outlook 中的邮件只能按日期排序。
3. （　　）Outlook 不能备份收件箱中的电子邮件。
4. （　　）在接收电子邮件时，Outlook 会自动把发信人的电子邮件地址存入"通讯簿"。
5. （　　）Outlook 中不能自动添加签名。

五、简答题

1. 如何在快速访问工具栏中添加命令图标？
2. Outlook 如何设置阅读窗口？
3. Outlook 中创建的约会周期都有哪些定期模式？

附录 习题答案

第1篇 习题答案

一、单项选择题

1. C 2. B 3. D 4. D 5. A

二、多项选择题

1. ABCD 2. AC 3. ABC 4. ABC 5. ABD

三、填空题

1. 环绕文字 2. 拆分窗口 3. Shift 4. * ? 5. "B"

四、判断题

1. × 2. × 3. √ 4. × 5. √

五、问答题

1. 左对齐、居中对齐、右对齐、两端对齐、分散对齐。

2. （1）选择文档类型；（2）选择开始文档；（3）选择收件人；（4）撰写信函（在文档需要位置插入合并域）；（5）预览信函；（6）完成合并。

3. （1）菜单法："插入"→"插图（图片）"→"此设备"；（2）复制粘贴法：选择计算机中的图片，复制图片，光标定位在合适位置，粘贴图片；（3）拖拽法：找到计算机中的图片，单击直接拖拽至文档中合适位置。

4. （1）快捷键<Ctrl+Enter>；（2）"插入"→"页面"→"分页"；（3）"布局"→"页面设置"→"分隔符"→"分页符"。

5. （1）快捷键<Ctrl+A>；（2）鼠标拖拽选择；（3）鼠标左键三击选取区；（4）单击文档首位置，将文档拖拽至最后，按住鼠标左键，单击文档末尾。

第2篇 习题答案

一、单项选择题

1. A 2. A 3. D 4. C 5. C

二、多项选择题

1. ABCD 2. AB 3. AC 4. BCD 5. ABC

三、填空题

1．等号表达式　　2．关闭　　3．sum( )　　4．相对地址　　5．3

四、判断题

1．×　　2．×　　3．√　　4．×　　5．×

五、问答题

1．清除单元格是将单元格中的内容删除，单元格还保留；删除单元格是把整个单元格删除了。

2．复制单元格是原来的内容还保留；移动单元格是原来的内容没有了，全部移走了。

3．相对引用就是不管公式复制填充到哪里，都是看原始公式引用的是前（后）几行、前（后）几列的单元格（区域）的值，就变化引用当前单元格（区域）前（后）几行、前（后）几列的单元格（区域）的值。绝对引用就是不管公式复制填充到哪里，原始公式引用的单元格（区域）数值就是要引用的单元格（区域）的值（不变）。

4．选中文本区域的单元格，右击在弹出的菜单中选择"设置单元格格式"命令，然后在弹出的菜单中选择"数据"格式，再进行计算即可。

5．选中在表中需要重复查找的列 D。执行"格式"→"条件格式"命令，把"条件格式"对话框最左边的"单元格数值"改为"公式"，并且在右边的文本框中输入"=COUNTIF(D:D,D1)>1"。此公式的含义是：彻底查看列 D 的整个区域，计算此区域内有多少单元格的值与单元格 D1 相同，然后进行对比以确定该计数是否大于 1。选择"条件格式"对话框中的"格式"命令，出现"单元格格式"对话框，选择"图案"选项卡，选中自己想要的颜色，单击"确定"按钮，此时"条件格式"对话框中"格式"颜色改变（当然也可以改边框、字体）。再次单击"条件格式"对话框中的"确定"按钮，就完成了重复数据的颜色显示。

第3篇　习题答案

一、单项选题

1．A　　2．A　　3．A　　4．D　　5．D

二、多项选题

1．AC　　2．AC　　3．AD　　4．AD　　5．AC

三、填空题

1．pptx　　2．Shit+F5　　3．F5　　4．Ctrl+D　　5．文件

四、判断题

1．√　　2．×　　3．√　　4．×　　5．×

五、问答题

1. 演讲者放映（全屏幕）；观众自行浏览（窗口）；在展台浏览（全屏幕）。
2. 普通视图、阅读视图、幻灯片浏览视图、备注页视图，幻灯片放映视图、母版视图。
3. 在普通视图或幻灯片浏览视图中选择换页的切换效果。
4. （1）选定文本；（2）按"复制"按钮；（3）将光标置于目标位置；（4）按"粘贴"按钮。
5. 自带3类，分别是基本、直线和曲线和特殊。

第4篇　习题答案

一、单项选题

1．A　　2．B　　3．B　　4．A　　5．A

二、多项选题

1．ABCD　　2．ABCD

三、填空题

1．新建联系人　　2．密件抄送

四、判断题

1．√　　2．×　　3．×　　4．√　　5．×

五、问答题

1. 单击快速访问工具栏中右侧的倒三角形下拉按钮，选择要添加的命令，单击鼠标勾选。
2. 单击Outlook功能区的"视图"选项卡，在"布局"区找到"阅读窗格"，可以选择"靠右"或"底端"显示。
3. 按天，按周，按月，按年。